高等院校艺术设计"十二五"规划教材

高等教育艺术设计精编教材

U0268240

数字剪辑
综合应用
技巧

王寒冰　周忠成　李　楠　编　著

清华大学出版社

北　京

内 容 简 介

本书是一本专门介绍数字剪辑最新软件的基本知识与使用技巧的教材。全书分为4章,主要介绍常见的PC平台上用于剪辑的三大软件:Adobe Premiere、GV Edius、Sony Vegas。本书通过对几个常见剪辑平台的横向与纵向比较,不仅能够使大家掌握多种软件的操作技巧,更能培养学生独立思考、比较、自学的能力。

本书配套提供了书中所有实例的素材及源文件(www.tup.com.cn),可以跟随书中的案例边学边练,并有数段拉片教学工程文件,可以在Premiere中进行学习。

除了介绍软件之外,本书还在第4章列举了一些常见片种的剪辑实践操作技巧,并且非常注重对于其他影片的学习和理解,以便将其转化为个人的知识和经验。

本书既可以作为本科及专科院校相关专业学生的教材,也可以作为培训班学员及初、中级读者的学习用书。

图书在版编目(CIP)数据

数字剪辑综合应用技巧/王寒冰,周忠成,李楠编著.--北京:清华大学出版社,2015(2024.2重印)

高等教育艺术设计精编教材

ISBN 978-7-302-37967-6

Ⅰ.①数… Ⅱ.①王… ②周… ③李… Ⅲ.①视频编辑软件-高等学校-教材 Ⅳ.①TN94

中国版本图书馆CIP数据核字(2014)第209586号

责任编辑:张龙卿
封面设计:徐日强
责任校对:袁 芳
责任印制:沈 露

出版发行:清华大学出版社
　　　网　　　址:https://www.tup.com.cn,https://www.wqxuetang.com
　　　地　　　址:北京清华大学学研大厦A座　　　　　　邮　　编:100084
　　　社　总　机:010-83470000　　　　　　　　　　　　邮　　购:010-62786544
　　　投稿与读者服务:010-62776969,c-service@tup.tsinghua.edu.cn
　　　质量反馈:010-62772015,zhiliang@tup.tsinghua.edu.cn
　　　课件下载:https://www.tup.com.cn,010-62795764
印　装　者:涿州汇美亿浓印刷有限公司
经　　　销:全国新华书店
开　　　本:210mm×285mm　　　印　　张:10.75　　　字　　数:309千字
版　　　次:2015年3月第1版　　　　　　　　　　印　　次:2024年2月第5次印刷
定　　　价:39.80元

产品编号:045142-01

前　言

　　本书是针对刚刚接触传媒行业和剪辑师这个职业的初学者而编写的,书中使用相对比较基础的语言,为大家提供一本介绍与普及剪辑知识的入门教材。本书绝非字典般的工具书,无法对照着软件来检索所有的功能如何使用。在软件教学部分,本书针对零基础的学生,从头开始逐步讲解。书中内容主要是对作者本人几年来的授课经验的整理,并且结合了个人的剪辑经验和使用软件的技巧,希望能够起到抛砖引玉的作用。

　　本人一直认为媒体这个行业是相对传统的,即便当今的数字技术已经对整个行业产生了极大的冲击,在整个行业不断强调技术更新的同时,从业人员仍是这个行业中最重要的组成部分。不像其他产品可以进行流水线生产,无论多么简单的新闻或短片,依然需要剪辑师进行剪辑,这就是艺术,这是再高级的计算机也无法完成的工作。

　　举例来说,2013 年的《云图》就非常值得思考,这部电影引起了业界巨大的争议。电影评论家罗杰·艾伯特称赞这部电影是“有史以来最雄心勃勃的影片之一”,然而诸多电影网站的评论与评分则显示出相当一部分的评论人和观众对该电影产生了费解。想象一下,如果这部电影的剪辑是 6 个故事,分为 6 个单元单独叙述,那么这仅仅就是花了 1.05 亿美元的 6 部微电影而已,绝非是现在在多伦多电影节上得到观众 10 分钟掌声的号称“史上最昂贵的独立电影”。姑且不论是原著还是导演的原因,以及编剧和剪辑师谁做出了这样的安排,不论该片好与不好,至少这是一种新颖而成功的安排与设计。

　　俗话说:师父领进门,修行在个人。传媒行业正是如此。许多优秀的业者都是非专业出身,师从一些资深业者甚至是大师,就能够跨入这个行业并且取得不错的成绩。但是不能忽视这些优秀的业者都为此花费了相当多的时间和付出了巨大的代价,经过努力学习、奋斗,他们最终获得了成功。无论影视技术如何发展,设备如何更新,风格如何演进,这些从事影视工作的人员才是整个行业的基石。

　　从某种意义上来说,本书对应的课程是一门全新的课程,对于每一个初学者都是全新的开始。尽管大家学习的是同样的课程,用同样长的时间,但最终创作的作品也会相差很大。

　　在此,希望未来能够进入传媒行业从事剪辑或者编导或者导演或者摄影等方面工作的同学们,应努力积累专业知识并进行专业训练。即便拜师学艺,也需要有一些专业的基础知识。希望本书能够让大家有一个好的开始。

　　另外,再说说需要为影视片剪辑准备哪些知识。

　　进行影视片剪辑,很大程度上是一个讲故事的过程。因此,学习剪辑的过程类似于学习如何说话的过程。

　　(1) 文学。文学的重要性不必多说。很多人都听说过蒙太奇,那么有一种剪辑手法叫平行蒙太奇,恰好文学里有一种说法叫花开两朵、各表一枝。还有一种对比蒙太奇,恰好文学里有一种手法叫对比。剪辑时可以连剪快切,文学里有一种手法叫排比。几乎所有的文学手法都能在剪辑中找到相对应的手段,这绝非巧合。

　　(2) 音乐。在学剪辑的过程中经常会听到一个名词叫视听语言,这里就包括了视觉和听觉。无论是歌、乐,还是声响,甚至是噪声,都无时无刻不在剪辑中出现。更不用说 MV 是完全依靠音乐来组织镜头的。因此,对于音乐的学习也是一名剪辑师的必经之路。

（3）美术。剪辑师个人的美术修养很大程度上决定了他是否能从一大堆素材中分辨出镜头的美与丑，并选择适用的镜头。

以上这些方面是行业以外的可以构成我们专业基础的知识。

那么行业以内跟剪辑密切相关的知识构架有哪些呢？

（1）编剧。编剧是创作的保障，完全不能指望一个连剧本、分镜头脚本都看不懂的人能剪出什么好影片。

（2）摄像。需要具备摄像知识。不能指望一个连远景、全景、中景、近景都分不清的人能剪出什么好影片。

（3）灯光。需要了解灯光相关的知识。不能指望一个连顶光、底光、冷光、暖光都理解错误的人能剪出一个好影片。

（4）计算机。现在剪辑使用的都是计算机。熟悉相关计算机知识有助于排除故障，提升剪辑效率。

在具备了以上这些基础知识之后，才能开始在剪辑的道路上蹒跚前行。

本书的内容根据课程编排，大约需要 30 ～ 40 课时，另外可以安排 10 ～ 20 课时的实践课作为练习时间。

感谢丁海祥院长为本书编写、出版所做的努力。在本书编写过程中，得到了章华、柳执一、陈奕、马兆峰、吴昊、许建峰、卢雅芬、平凯磊、曾思思、崔蕴鹏、张碧池、杨振江、曹佳丽、王祎明等多位老师与业内同人的热心帮助，在本书编写方面也给予了很多帮助，在此表示衷心的感谢。

本书成书仓促，必有许多不尽如人意和疏漏之处，望各位同行与业界同人不吝赐教。

作　者
2014 年 8 月

目　录

第1章
数字剪辑概述

从数字技术诞生开始,整个影视行业就开始步入了数字化时代。无论是前端的摄像、录像、拾音、灯光等设备,还是后期制作使用的录音、剪辑、合成、特效等设备,都逐渐由传统的模拟信号、电传信号设备向数字化设备进行过渡。

1.1　剪辑简史——电影到电视的演化

正如语文的学习一样,首先学习关于拼音、文字之类基本的元素,然后才能去研读一些大师的作品或古典的文字,才能够理解作品的深意。同样,剪辑的学习只有先把剪辑的视听语言的基本元素研究明白,才能去研究剪辑的历史演变,以及不同时期的剪辑有什么变化和特点,才能在剪辑史的演变中获得对剪辑技巧的深刻理解,才能在自己的剪辑作品中运用自如。

下面简单介绍剪辑的诞生过程和基本知识,主要是介绍一些基本的概念。

剪辑最初因电影而产生。

最初的电影是没有剪辑的,基本上是一个镜头从头演到尾,时长一般很短。卢米埃尔兄弟放映的最初几部电影,如《工厂大门》、《火车到站》都是如此。

出现剪辑的一种说法是,在卢米埃尔的四部《消防队员》中意外地出现了剪辑的概念。限于当时的胶片和设备的原因,路易·卢米埃尔拍摄了四条胶片,然后串在一起进行播放,结果意外发现,从不同角度、不同地点拍摄下来的里昂街头消防队员救火、救人的镜头产生了富有戏剧性的结果。

还有人认为有意识地创造剪辑效果的是爱迪生的一位雇员埃德温·波特,他在《美国消防队员的一天》(1903)中有意识地使用了平行剪辑的手法,用20个小镜头完成了一个6分钟的故事。

还有同时期的乔治·梅里埃,采用剪辑手法在摄影棚内拍摄了经典科幻电影的开山之作——《登月之旅》(1902)。

随后在1926年,苏格兰人贝尔德向伦敦皇家学院的院士们展示了一台神奇的设备,他研究这台设备用了20年时间,最终获得了成功,并被人们称为"电视之父"。这台机器可以完成一些影片的剪辑工作。随着电视行业的发展,很多在电影中所使用的剪辑手法和技巧开始逐步向电视行业延伸。

电影和电视都涉及了剪辑,其基本原理和基本手法是相通的,只是在实践中需要根据各自的特点做出相应的调整。

1.2　数字剪辑平台的诞生——剪辑艺术的新阶段

当数字化设备出现时,无论是电影还是电视的剪辑工作都出现了极大的变化。电影从早期的对胶片的剪切逐渐过渡到了胶转磁之后在工作站上进行剪辑。电视也从对编机的传统工作方式逐步过渡到了非线性编辑的系统。

传统的剪辑工作状态是原始而简陋的。

对于电影,从这种老式的直立式剪辑设备(图1-1)能够看到,早期的电影胶片剪辑是在拍摄的胶片上直接进行物理剪辑的。这种方式今天已经很难再看到了。胶片在剪辑完成后还要进行一系列的复杂工序并完成影片复制的工作,最后再进入发行的流程。

从20世纪90年代开始,数字剪辑技术开始逐步介入到电影工业中。当时的做法(包括现在的大部分电影的做法)是将胶片转成数字化数据,再导入后期工作站进行后期处理。完成剪辑之后,再重新通过激光记录仪等设备将数字信号转回胶片,然后制作复制并发行。这就是所谓的胶转磁、磁转胶的过程,如图1-2所示为20世纪90年代使用的进行剪辑操作的计算机。

✚ 图　1-1　　　　　　　　　　　　　　　✚ 图　1-2

下面介绍"数字中间片"的由来。数字中间片的概念囊括了从影片拍摄完成之后到最终制作影院复制之前的一系列后期处理过程中的影片。这个过程中包括剪辑、调色配光、制作三维动画、特效合成等。其间所包含的技术极其繁复庞杂。

随着数字技术的发展,全数字化的摄像机以及全数字化的影院播出系统已经投入使用。于是便诞生了所谓的数字电影。国家广电总局在《数字电影管理暂行规定》中的第二条明确指出:数字电影,是指以数字技术和设备摄制、制作、存储,并通过卫星、光纤、磁盘、光盘等物理媒体传送,将数字信号还原成符合电影技术标准的影像与声音,放映在银幕上的影视作品。影视作品制作完成之后,数字信号通过卫星、光纤、磁盘、光盘等物理媒体传送,放映时通过数字播放机还原,也可以使用投影仪放映,从而实现了无胶片发行、放映,解决了长期以来胶片制作、发行成本偏高的问题。

根据相关资料了解到,好莱坞计划2014年实现数字荧幕覆盖全美的目标,全面淘汰胶片电影的放映系统。由此可见,数字化的趋势势不可挡。

相对而言,电视数字化的过程相对简单一些。

以前放录像用的是录像带,实际上早期电视行业使用比较普遍的就是这种卡式录像带。以前普通家庭使用的是家用录像系统（VHS），而电视台使用的是广播级的模拟摄像机和不同大小、制式的录像带，常见的诸如 BETACAM 等。现在随着数字技术的发展，出现了数字 BETA、DVCPRO、DVCPRO50、DVCAM 等多种数字摄像机及格式。

以前进行后期制作，以对编机（图 1-3）为主，现在已逐步过渡到数字化的非线性编辑系统（Non-Linear Editing，NLE）。

对编机系统使用的是两组录放机系统，先用左侧的录像机对拍摄素材带中的素材镜头进行选择，再将选出的镜头录制到右侧的录像机中。由于磁带不能像电影胶片一样可以拉出来进行物理剪辑，因而对编机的剪辑工作就需要剪辑师和编导事先编排好镜头顺序，并依次录

⊕ 图　1-3

入。一旦出错，就要把后面的内容全部重新抹掉，修改完错误——插入镜头或者去掉镜头，再将后面的内容重新录制进来，因此这个修改的过程非常烦琐。

而数字非编系统则极大地改善了这一过程。通过计算机软件，我们可以自由地编辑需要的镜头和段落，随意地拖动镜头位置、改变镜头时长等，如图 1-4 所示。

目前绝大部分电视台基本上都已经在使用数字非线性编辑系统了。

⊕ 图　1-4

1.3　剪辑师的素质与工作

剪辑工作是一个异常辛苦的工作过程，无论是作为导演还是剪辑师，无论是共同创作还是独立剪辑，都要耐得住寂寞。如图 1-5 所示为正在进行剪辑制作的场景。

剪辑是一个需要思考并有良好心情和感觉的工作。所以优秀的剪辑师首先要具备的素质就是情感丰富。当自己对喜怒哀乐都分不清楚的时候，又如何能让观众跟随你的剪辑、跟随你的故事而喜怒哀乐呢？

其次，优秀的剪辑师需要很好的逻辑思维能力和组织能力。因为剪辑师需要在大量的素材中去寻找想要的内容，并且要将这些内容组织成一个完整的段落。如果思维不缜密、不严谨，很容易剪得逻辑混乱，观众观看时也会感到混乱。

⬆ 图　1-5

　　再次,优秀的剪辑师需要良好的沟通能力。剪辑师需要跟导演和其他剧组人员沟通,有时候难免会出一些状况。比如,导演希望这么剪,但是剪辑师觉得那么剪更好。遇到这种分歧就需要良好的沟通技巧。举个例子,导演亚历山大·佩恩和剪辑师凯文·坦特在合作电影《大选》(1999)的时候,关于结尾的处理就发生过分歧。导演希望剪辑成类似电影《黄金三镖客》那样的结尾,用特写镜头,时间较长,剪辑节奏应较慢,音乐再渐入。但是凯文希望处理得节奏要快一些,用一系列的快速脸部特写快切来形成小高潮,而导演觉得这样太花哨了。于是他们就开了一个玩笑。凯文说,我给你 25 美元,照我说的剪。亚历山大说不行。然后凯文说,那给你 50 美元。亚历山大说还是不行。最后凯文说那就给你 75 美元吧,这次亚历山大同意了。于是凯文给了导演 75 美元,把结尾按照自己的方式剪辑出来了。这当然是他们之间有不错的交情,所以沟通起来相对顺利一点。但这个故事依然说明了一个问题,导演和剪辑师的关系必须非常密切,才可能合作好,并剪辑出优秀的作品。

　　最后,还需要剪辑师拥有吃苦耐劳的敬业精神,这点尤为重要。剪辑师的工作强度远超过一般工作。当离交片时间还有两天,而导演依然对剪辑不满意的时候,没有吃苦耐劳的精神,肯定就无法承担这一工作。

　　以上就是剪辑师应当具备的素质和能力。

第 2 章
数字剪辑的制作流程

本书中的"后期"概念，包括剪辑、特效、调色等一系列影视后期处理的工序。后期中的整体流程就显得尤其重要，因为它会涉及工程文件的交换、特效部门和剪辑部门的协作、是否会耽误进度和时间等问题，并且如何在每一个阶段都将要完成的事情准备好，也有利于提升整个项目的制作效率。

2.1 准备工作

首先需要安装软件。

PC 平台上常用的非线性编辑软件有 Premiere（Adobe 公司）、Edius（Grass Valley 公司）、Vegas（Sony 公司）、Media Compser（Avid 公司）、Pinnacle Studio（Pinnacle 公司）等，另外还有 Mac 平台上的著名剪辑软件 FCP。

要为剪辑做好计算机的清理工作，预估好工程可能需要的磁盘空间，留出足够的硬盘空间供剪辑使用。

这一点尤为重要，PC 平台的剪辑软件经常会发生剪辑过程中自动退出、崩溃或者卡死等现象。在剪辑之前推荐重装系统，保持系统的清洁，尽量减少系统中的软件数量。保留 C 盘有几十兆比特（GB）以上的空闲空间，工作盘有几百兆比特（GB）空间。不要在剪辑时打开社交软件、音乐软件等，这些软件都会极大地占用硬件资源，尤其是内存，从而影响到软件的运行。

另外，不同的软件都有不同的特点。像 Premiere、Edius 这类 PC 平台的软件，如果计算机配置不够高，硬件资源不够，较容易发生死机和崩溃的现象。解决的方案有两种。一种就是使用旧版本，老版本的软件设计时的要求配置就没有那么高，对硬件的要求相对就低一些。但是像 Premiere 早期的版本，对各种文件格式的支持和对高清素材的支持都会出问题，这是其最大的弊端。

早期如 Premiere 6.5，Edius 3.0 这样的版本，现在看来都是古董级的软件。随着软件开发速度的加快，现在平均 1～2 年就会有一次软件版本的进化更新。从 Premiere 的版本 6.5、Pro、Pro 2.0、CS 3、CS 4、CS 5、CS 5.5、CS 6 到现在的 Pro CC，其功能与稳定性也在不断提高。如图 2-1 所示为 Premiere 的较新版本的界面。

Edius 也从 3.0 逐步更新到目前的版本 7。Edius 最有特色的功能一如既往的强大，即支持导入 AE（After Effects，Adobe 公司的特效合成软件）插件。需要注意的是，Edius 在使用了 Red Giant 的调色插件 Looks 之后，在插件中看到的色彩与在软件监视器中看到的色彩会产生偏差，影响了调色工作的顺利进行。相对而言，Premiere 与 AE 的动态链接功能非常实用，可以很轻松地将镜头链接到 AE 中进行特效处理，之后所有效果在 Premiere 中还能实时反馈。Edius 虽然可以导入许多 AE 插件，毕竟还是不方便。对于特效制作要求不高的用户而言，Edius 不失为一款容易上手、操作简便、性能稳定的好软件，其界面如图 2-2 所示。

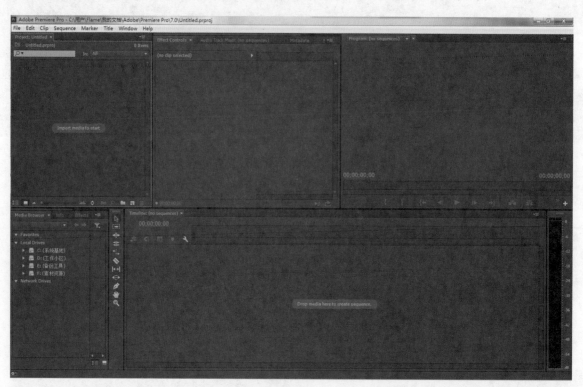

图 2-1

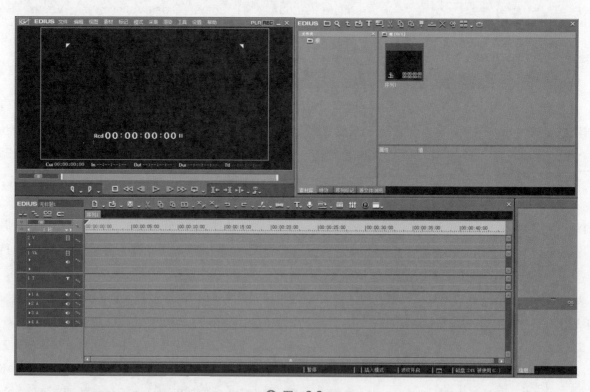

图 2-2

另外本书会涉及的一种软件是 Vegas（图 2-3），这是 Sony 的产品。该软件界面友好，操作简便，最方便的一点是镜头之间的过渡效果，可以直接把两段视频进行重叠。Vegas 会自动生成重叠部分的过渡效果，对于不需要大量特效的宣传片而言，用它来制作剪辑极大地提升了工作效率。

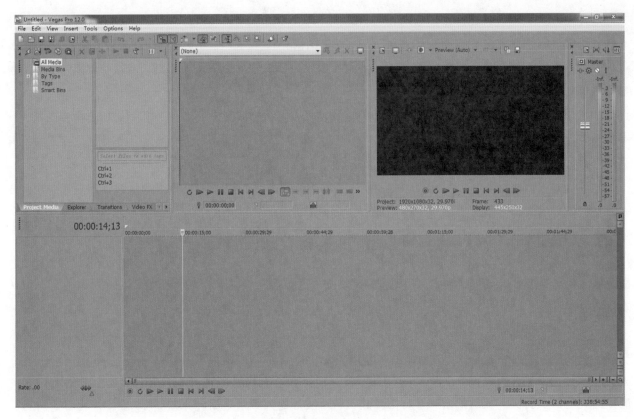

图　2-3

Vegas 目前已发布到版本 12（版本 12 仅支持 Win7 64 位系统，且暂时没有 MAC 版）。

该软件的一大缺点就是稳定性较差，剪辑稍长的片子就会经常性地报错和崩溃。但是对于 10 分钟以内的小项目而言，这款软件就可以满足需要。另外这个软件的一个问题就是浏览和调用素材不太方便，版本 11 和版本 12 中有所改进。

本书除了用到以上介绍的这三种比较实用的软件以外，还介绍了一些剪辑软件，例如 Avid composite、Final cut Pro 等，操作基本大同小异，就不再一一列举了。

在电视台或者制片公司，大部分的非线性编辑工作站都会配备两个显示器和一个监视器。因为无论是 Edius 还是 Vegas，大量界面和窗口放置在一个屏幕中时会很拥挤，会大幅减少可操作区域的面积。配备两个显示器就可以把素材窗口和一些调节特效的面板移出去。监视器主要用于观看完成片的效果和色彩，如图 2-4 所示。

图　2-4

文件夹的准备工作也很重要。一般有两种方式。

如果是小项目,单独几分钟的片子,在没有详细场记的情况下,在整理素材时可以采用内容分类的方法,按照镜头的内容和被摄主体对素材分别进行处理。这样在剪辑时可以迅速找到想要的镜头,也很快就能知道需不需要补拍某些特殊镜头。

如果项目相对较大,拍摄分成数日乃至数周完成,就可以根据拍摄日期、场次等对素材进行分类整理。这一点需要现场做好详细的场记配合,例如几号镜头、第几次拍摄、主要内容等。这样也能很清楚地根据日期找到当天拍摄的内容。

这两种方式都是比较常见的,也可以根据自己的需要和习惯,或者根据项目的特殊性来设计项目的储存方式,但是总体的原则是不变的,即:

第一,要方便自己检索,能够迅速找到需要的镜头。

第二,要方便他人识别,能够很快弄清楚剪辑素材存放的方式,并找到需要的素材。因为剪辑时难免会遇到需要他人帮忙的情况,或者是让他人来修改剪辑的情况。因此,素材存放的可识别性要高,这样才能让团队的队友很容易接手工程,才能够很好地进行团队合作。

尤其是在电视台里工作,规矩很多,每个人都要有自己的工作磁盘目录,要按节目日期或者期数把自己的素材和成片整理好。

所以存放素材文件夹的名字一定要一目了然,例如,2013-1-31 或者是"西湖日出"、"树"这样明确时间或内容的文件夹。然后把这些素材都存放在一个统一的大目录下面。比如"XX 宣传片"。这样,再有其他非拍摄素材,比如工程文件、图片、照片、音乐等,也可以存到这个大目录下面,形成一个项目的树形管理结构。

再有一点需要补充的就是,最好用英文文件夹。习惯以后才能用电视台里或者公司的设备。有一些进口的非线性编辑工作站是不支持中文路径名和中文文件名的,所以最好使用全英文路径和全英文文件名。

还应注意输入设备的问题。大部分非线性编辑工作站都是使用鼠标作为主要的操作工具,实际上用手写板进行操作也非常方便。

准备工作到此就基本结束了。

2.2　欢　迎　界　面

本书介绍的三种非线性编辑软件的起始界面略有不同。Premiere 的起始界面是一个欢迎界面,Edius 相对工程性更强一些,直接摆出一副"冰冷面孔",询问你使用哪个用户,选用哪个预设模板,建立什么样的工程。而 Vegas 相对简单一些,直接用默认设置进入工作状态,如果要修改再去设置菜单。但是总体来说目标是一样的,就是要在正式进入工作之前做好工程设置工作。就像画画之前要先选好所用纸和画板的尺寸,然后选好用水粉还是油画颜料。

下面介绍一下 Premiere Pro CC 的欢迎界面,如图 2-5 所示。

- New Project(新建工程):新创建一个工程文件。

- Open Project(打开工程):打开使用过的工程文件。

- Recent Projects(最近的工程):显示最近在 Premiere 里打开过的工程文件。

- Exit(退出):退出软件。

🔆 图　2-5

而 Edius 的初始界面则有以下内容，如图 2-6 所示。

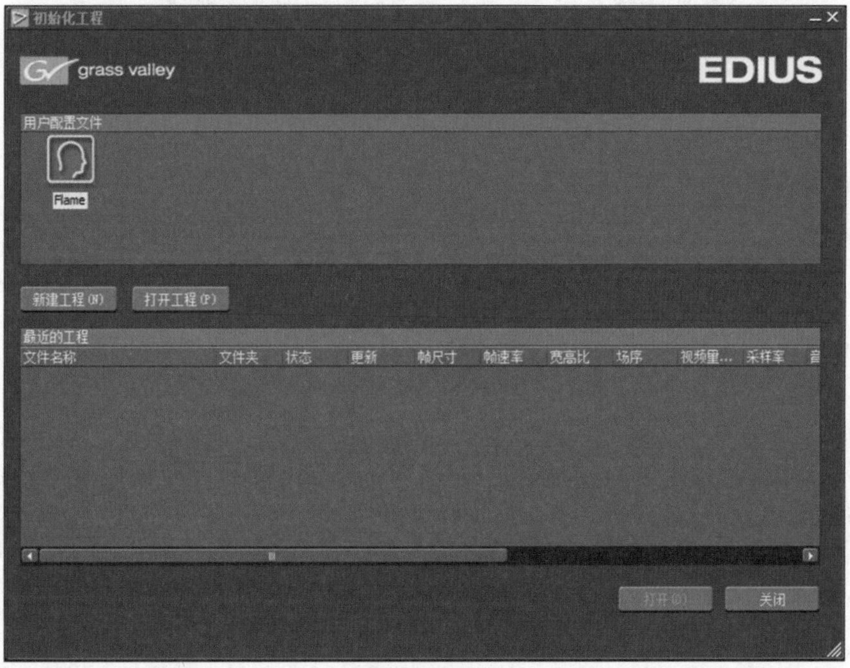

🔆 图　2-6

用户配置文件：打开软件时需要对系统进行的设置等。

新建工程：新创建一个工程文件。

打开工程：打开一个工程文件。

最近的工程：显示最近在软件中打开过的工程文件。

关闭：退出软件。

注意：如果是第一次打开 Edius，则会询问是否要建立一个目录作为 Edius 的默认目录，可以找一个空间比较大的盘建立一个默认目录。

先介绍工程（Project）的概念：这里的工程指的是整个剪辑的过程和动作，包括导入的素材、对素材的操作、特效等。这些动作及相关操作，除了素材文件以外，都属于工程的范畴。（提示：有的书将 Project 翻译为"项目"）。

"新建工程"就是建立一个全新的工程，就像开始画画铺上一张全新的画布一样，把所有的界面和设定都回归到原始的状态，准备开始工作。单击"新建工程"按钮一般就会进入到下一步的新工程设置面板。

Premiere 新工程的设置面板如图 2-7 所示。

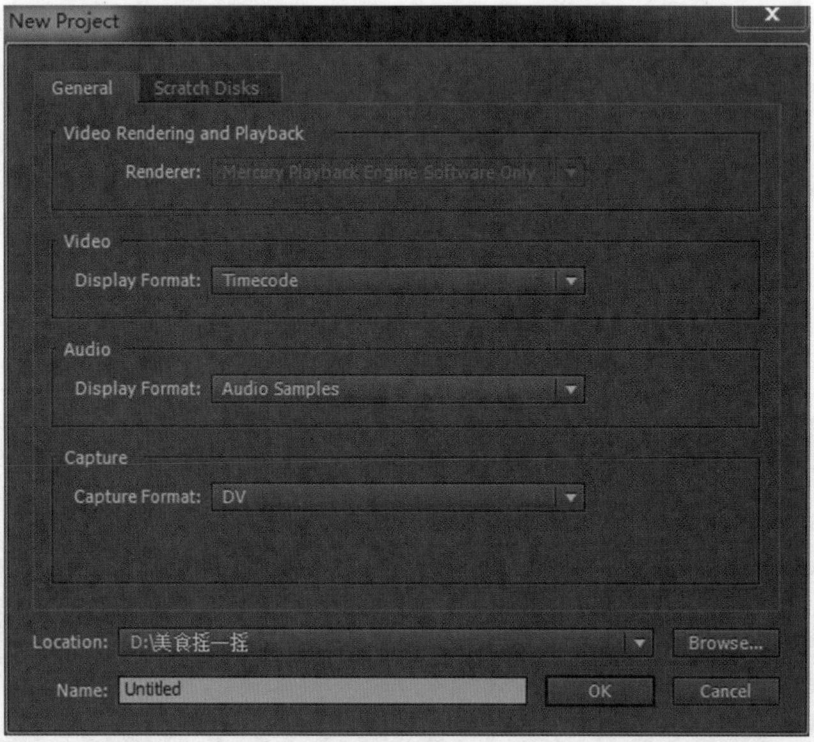

☝ 图　2-7

这里的内容涉及工程文件储存的一些设置问题。

Location（位置）：文件储存的目录，通过单击后面的 Browse 按钮可以打开文件夹选取的面板，然后选择一个文件夹作为工程文件的目录。

Name（名字）：工程文件名。

平时应养成良好的工作习惯。可以在你的项目文件夹下面建立一个 Project 文件夹，专门用来存放工程文件。并且每天做好工程以后都用日期来命名。例如 XXXX-2013-3-11，甚至后面还可以标上时间。这样可以最大限度地减少因工程的崩溃、死机、跳闸等意外状况带来的损失。

Premiere CS 6 之前版本，在工程文件名和储存路径确定以后单击 OK 按钮，可以进入到下一步的工程设置面板，如图 2-8 所示。

这个面板比较复杂，其中几十种模板一旦弄错就会影响整个影片的最终输出。这里需要解决的是各种制式下面的参数问题，以及不同的文件夹名称的含义。

而 Premiere Pro CC 则是先进入工作界面，然后在素材窗口中新建序列（Sequence）时才会弹出如图 2-8 所示的对话框。

下面介绍 Edius 的"工程设置"面板，如图 2-9 所示。

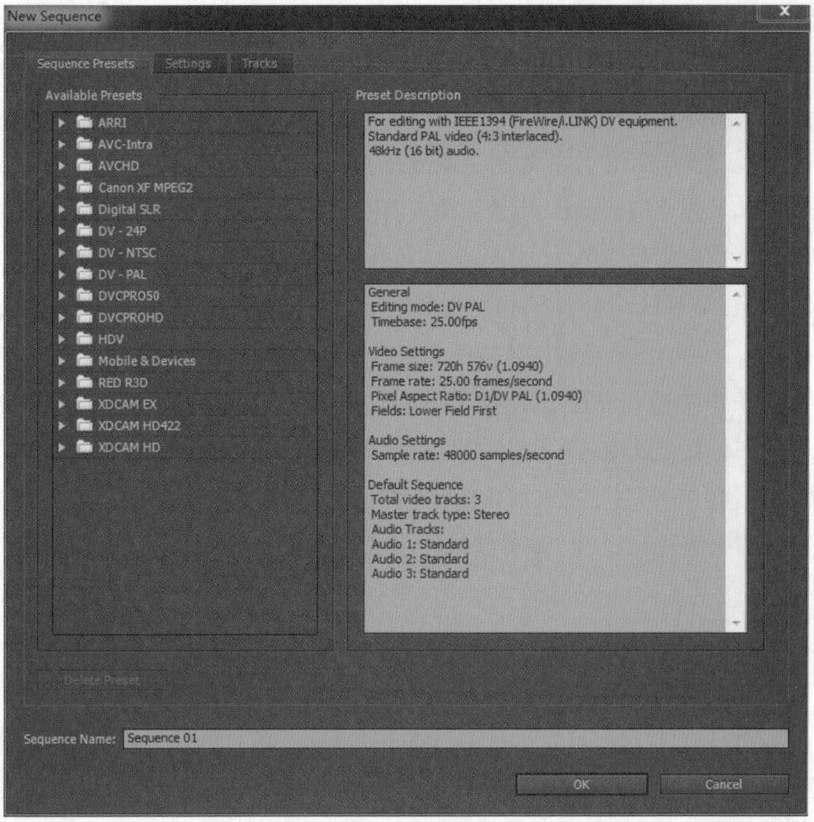

图　2-8

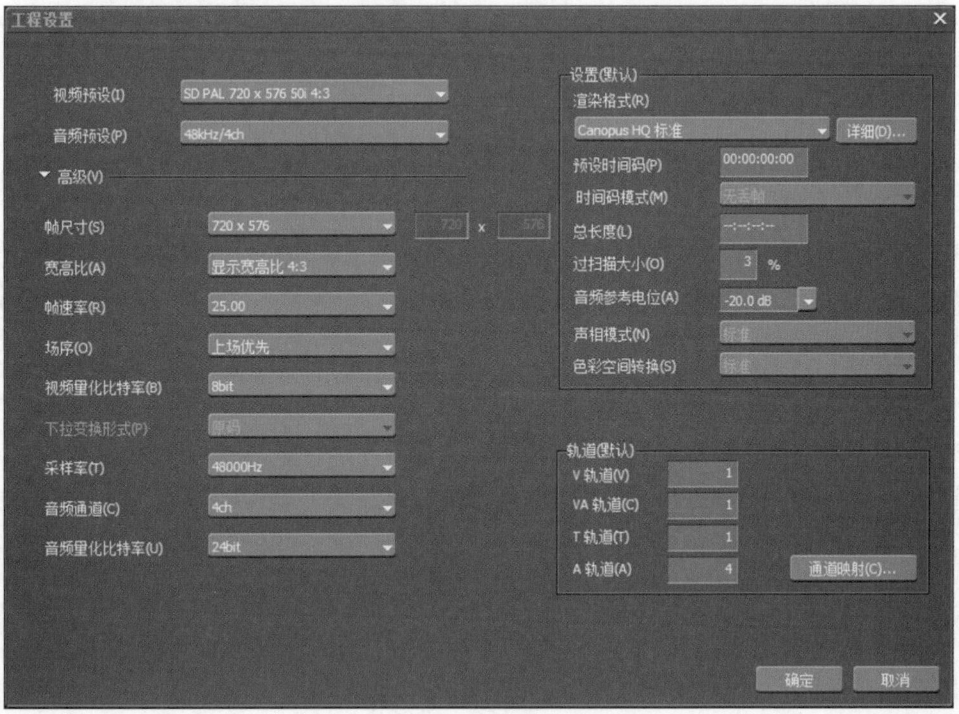

图　2-9

　　该界面中看起来参数很多,其实跟 Premiere 的面板完全是类似的,就是要用户来选择到底用什么样的视频设置进行项目的制作。

下面先介绍一些影视剪辑的基础概念。

帧（Frame）：影像动画中最小单位的单幅影像画面,相当于电影胶片上的每一格镜头。每一帧都是静止的图像,快速连续地显示帧便形成了运动的假象。

帧率（Frame rate）：帧率是用于测量显示帧数的量度。测量单位为"每秒显示帧数"（Frame per Second, fps）,一般来说 fps 用于描述视频、电子绘图或游戏每秒播放多少帧,高的帧率可以得到更流畅、更逼真的动画。常见帧率有 24fps（电影）、25fps（PAL 制式）、29.97fps/30fps（NTSC 制式）。

场（Field）：最早的标准 NTSC 定义了每秒钟 30 帧画面,每帧需要扫描 525 条线,只有其中的 486 条或 480 条是用来显示画面的,其余的用于电视同步或图文电视等其他用途。相对应地, PAL 制式是 25 帧画面,每帧需要扫描 625 条线,只有其中的 576 条是用来显示画面的,其余的用于电视同步或图文电视等其他用途。限于当时的技术水准,每帧图像都可以传送 NTSC/480 条或 PAL/576 条扫描线,线路的带宽不够。人们考虑将每帧图像分奇数、偶数行分开传输,然后在接收端重组,这样可以降低对带宽的压力。第一幅图像只使用 1、3、5 等奇数行来扫描,而第二幅图像采用 2、4、6 等偶数行扫描,每幅图像只有一半的帧。这种扫描方式被称为隔行扫描。

场序：场序即场的扫描顺序。有上场优先、下场优先两种。上场优先（Upper field first）即先显示上场（奇数场）,下场优先（Lower field first）即先显示下场（偶数场）。另外,还有一种扫描方式——逐行扫描（Progressive scan,简称 Progress）。在逐行扫描时就意味着没有场和场序的问题。需要注意的是:家用 DV 设备的场序通常是下场优先,而广播级的设备、电视台播放的设备通常都是上场优先。在很多预设的描述中经常会看到诸如 SD 720×576 50i,或者 HD 1920×1080 25p,再如 HDV 1280×720 60i 等。末尾的"i"和"p"即为隔行扫描与逐行扫描的代表。"50i"意为每秒 50 场（25 帧）,隔行扫描;"25p"意为每秒 25 帧,逐行扫描;"60i"意为每秒 60 场（29.970 帧）。

分辨率（Resolution）：一是指图像所能显示的像素点的量。通常情况下,图像的分辨率越高,所包含的像素就越多,图像就越清晰。例如 PAL 制的电视为 720×576 像素, NTSC 制为 720×480 像素。

另一层含义指的是单位长度下像素的量,单位为 DPI（Dots Per Inch）,意为一英寸的屏幕上显示的像素点的数量。

制式：电视信号的标准简称制式,可以简单地理解为用来实现电视图像或声音信号所采用的一种技术标准（一个国家或地区播放节目时所采用的特定制度和技术标准）。世界上主要使用的电视广播制式有 PAL、NTSC 两种, NTSC 制被日本、北美地区所用, PAL 制是欧洲、亚洲等地所普遍使用的,欧洲与其他个别地区还有一种 SECAM 制式,数据格式与 PAL 大致相同。NTSC 制式的帧速率为 29.97fps（30fps）,每帧 525 行,隔行扫描,标准分辨率为 720×480 像素; PAL 制式的帧速率为 25fps,每帧 625 行,隔行扫描,标准分辨率为 720×576 像素。我国电视传播采用的制式为 PAL 制式,帧速率为 25fps,每帧 625 行,隔行扫描,上场优先,标准分辨率为 720×576 像素。一般来说, PAL 制式标记为 50i 或者 25p,而 NTSC 制式标记为 60i 或者 30p。

标清（Standard Definition,SD）：所谓标清,是物理分辨率在 720p 以下的一种视频格式,英文为"Standard Definition"。720p 是指视频的垂直分辨率为 720 线逐行扫描。PAL 制式的分辨率为 720×576 像素, NTSC 制式的分辨率为 720×480 像素,其垂直分辨率（前一个值）均为 720 线。

高清（High-Definition, HD）：物理分辨率达到 720p 以上称作高清,英文为 High Definition,简称 HD。较常见的分辨率有 1280×720 像素、1440×1080 像素（小高清）以及 1920×1080 像素（全高清）等,其垂直分辨率均超过了 720 线,如图 2-10 所示。

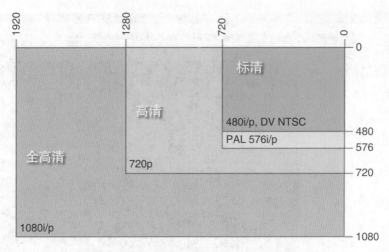

⊕ 图 2-10

了解了以上这些基本知识后,对两个软件的欢迎界面就不会陌生了。

如图 2-8 所示,左侧都是各种文件格式和摄像机型号。例如 DV 即家用数字摄像机,XDCAM 即索尼的 XDCAM 机型,而 DVCPRO50 和 DVCPROHD 则是松下的 DVCPRO 系列机型。如需要制作国内的标清电视节目,就选择 DV-PAL → Standard 48kHz。如果是 Sony EX1 拍摄的逐行全高清内容,就选择 XDCAM EX → 1080P → XDCAM EX 1080P25(HQ),以此类推。如图 2-11 所示。

Edius 更为方便,无论什么机型,只要能导入素材就可以。工程设置时直接选择"标清 / 高清"、"画框分辨率大小"、"隔行 / 逐行"、"宽高比"等模板,如图 2-12 所示。

⊕ 图 2-11

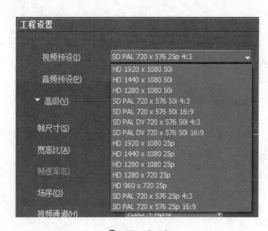

⊕ 图 2-12

最后介绍 Vegas。

Vegas 很简洁,没有欢迎界面,双击图标后直接进入工作界面,根据设置直接进入默认分辨率的工作面板,如图 2-13 所示。

在画面中上部的监视器下方有一行内容为"Project:1920×1080×32,29.970i",即为默认预设。要进行预设值的修改,单击 File(文件)→ Properties(属性)命令,弹出一个对话框,如图 2-14 所示。

第一行 Template 下拉列表中可以找到几十种预设模板。选择合适的模板即可改变当前项目的设置,如图 2-15 所示。

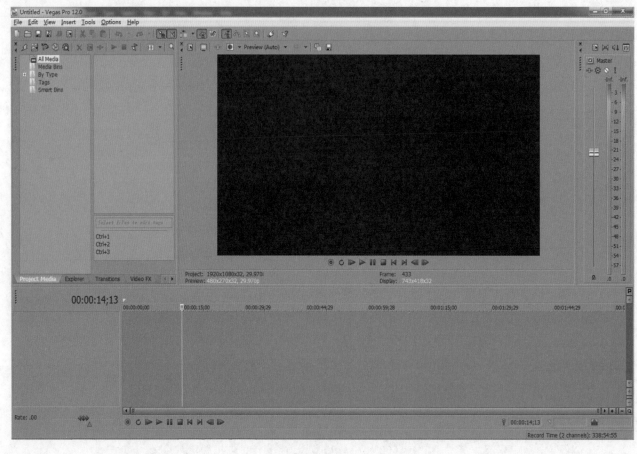

图 2-13

图 2-14

图 2-15

新建一个工程时必须要告诉计算机,视频有多大,工程就要建多大,否则视频大过工程就会超出画框面积。所以首先确定素材是高清还是标清,是电视台播出还是客户自己投影或者大屏幕播出。然后根据这些因素来选择采用 SD 还是 HD 的标准或是小高清,再去确定片子是在国内播出、上网播出还是送国外参赛。据此来确定采用逐行还是隔行,是用 25fps 还是 29.97fps。

2.3 初识非线性编辑系统

2.3.1 初识 Premiere

一个影视后期制作的流程,基本上可以分为五个阶段,这五个阶段分别是:导入、粗编(也叫粗剪)、精剪、特效、导出。无论什么样的非线性编辑系统,都离不开这五个部分。

这一小节就通过一个案例来对非线性编辑系统和后期制作的简单流程做一个初步的介绍。

练习1:本练习要求将资源中提供的素材进行排列组合,将其剪辑成一段逻辑合理的视频。

首先,打开配套资源,打开“案例”文件夹下的“01”目录下面的 Premiere 工程文件 ad-cc.prproj。如果版本偏低,可以打开工程文件 ad-old.prproj。

打开的方式可以采用如下方式。

(1)双击 ad-cc.prproj 并将其直接打开。

(2)先运行 Premiere,在欢迎界面中选择 Open Project 命令,然后在弹出的 Open 对话框中选择 ad-cc.prproj 来打开工程文件。

打开工程界面时可能会弹出窗口,提示素材文件离线,这是由于 Premiere 软件在系统中找不到文件路径所致,如图 2-16 所示。

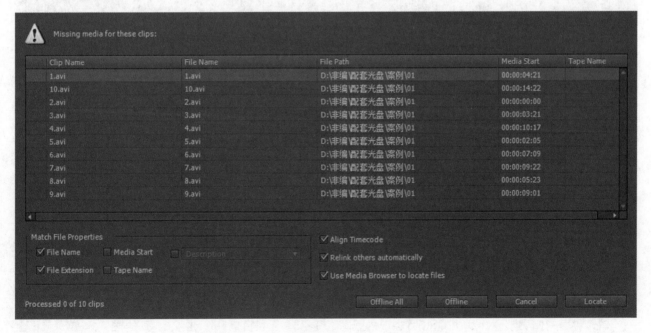

图 2-16

图 2-16 中的文件都是离线文件,需要重新指定其目录位置,单击右下角 Locate(寻址)按钮,弹出 Locate 对话框,可以浏览硬盘来找到视频素材的位置,单击 OK 按钮,即可链接上媒体位置,如图 2-17 所示。

打开工程文件之后可以看到一个完整的初始工程界面,如图 2-18 所示。

图 2-17

图 2-18

这个界面的外观与 Premiere CS 5.5 以前的版本略有不同,工程窗口被移动到了界面的左下角,整个界面上方是左右并排显示的两个监视器。

以前版本的界面分布如图 2-19 所示。

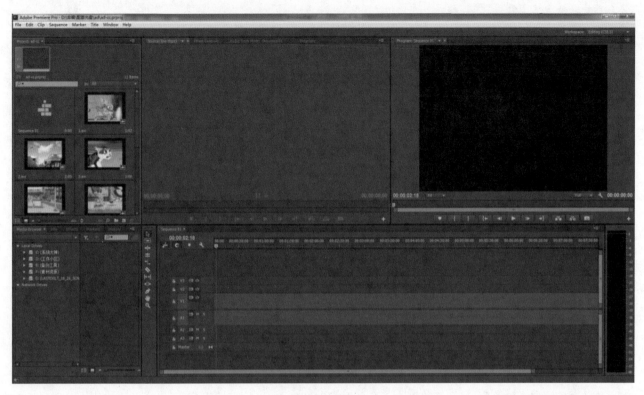

❂ 图　2-19

这种界面分布可以通过选择 Window（窗口）→ Workspace（工作空间）→ Editing（CS 5.5）命令来得到，如图 2-20 所示。

界面上的所有面板都可以自由拖动。单击面板的标签并进行拖曳，就能把该标签取下。当鼠标拖曳着标签移动到需要的位置时，界面上会呈现出浅紫色区域，意味着这个面板会被放置到紫色的位置，如图 2-21 所示。

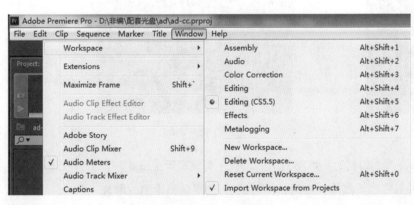

❂ 图　2-20

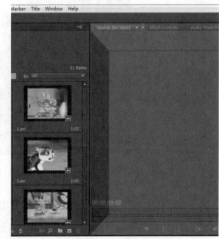

❂ 图　2-21

此时可以看到，Project 窗口中有一个时间线序列 Sequence 01，还有编号为 1 ~ 10 的 10 个 AVI 文件。

选择 1.avi，将其拖动到左侧的 Source（源文件）监视器中释放。就能看到该视频文件显示在 Source 监视器的屏幕上。这一步相当于把录像带放到了左侧录像机里，并在左侧监视器上进行播放，如图 2-22 所示。

单击源监视器下方的"播放"按钮，即可浏览素材。这个案例中 10 个文件分别对应着 10 个镜头，可以依照以上方式，将 10 个文件分别拖至源监视器上进行素材的分类浏览工作。

❀ 图 2-22

选择源监视器上的画面,将画面拖到右下角的时间线窗口中,释放鼠标后,即可将选中的镜头放置到时间线序列 Sequence 01 上,如图 2-23 所示。由于镜头很短,所以会看到很细的一条,可以按键盘上的"+"键对序列进行放大(按"-"键则缩小)。对于这样的一个时间线上的方块,在该软件中称为 video clip(视频片段)。这时可以看到右侧的监视器中也出现了画面,如图 2-24 所示。

❀ 图 2-23

❀ 图 2-24

这样就完成了从素材中筛选镜头并将其添加到时间线序列中的过程。剪辑实际上就是对以上过程进行数百上千次的重复,将需要的素材镜头选出并且在时间线序列中进行排列组合,最终获得理想的影片。

下面做一个新的练习。在工程窗口中将 1.avi ~ 10.avi 这 10 个镜头全部选择,然后拖曳到 Sequence 01(序列 01)中,10 个镜头会按次序排列在时间线窗口的 Sequence 01 序列上,此时按空格键可以进行预览播放,如图 2-25 所示。

这时整个片子的逻辑和顺序都是混乱的,用鼠标左键拖曳,可以在时间线上随意移动这 10 个剪辑(clip)。练习时注意不要把两个镜头叠在一起,这样会覆盖掉其中一个镜头,从而造成素材丢失。否则就只能再从工程窗口中找到相同的素材并重新拖进来一遍,才能恢复素材。另外需要注意的是,只有当鼠标在剪辑方块的中间时,它会呈现白色箭头状态,此时才可以移动视频片段。鼠标放在剪辑头部或者尾部都会变成红色方括号箭头状,此时不是移动状态,因而不能移动视频,请注意其中的区别。

⊕ 图 2-25

解决了以上问题,排列这 10 个镜头就不存在什么大问题了。

正确的排列顺序是:2-5-3-1-8-6-9-7-4-10。

另外 Premiere 还提供了一种简单排列镜头的方式,称为 Storyboard(故事板)模式。简单来说,就是在 Project(工程)窗口中拖曳镜头位置,先按照顺序将镜头排列好,再选择将要使用的镜头,然后单击 Project 窗口下部的 Automate to Sequence...(自动添加至序列)按钮,此时会弹出一个对话框,如图 2-26 所示。

其中第一个下拉菜单 From Untitled.prproj 下有两个选项,分别说明如下。

Sort Order(排序的顺序):按照在 Poject 窗口中排列的顺序形成时间线窗口的序列。

Selection Order(选择的顺序):按照单击选择素材的顺序形成时间线窗口的序列。

第二部分菜单区命令稍多,其中比较重要的有如下几个。

Method(置入方式):从其下拉菜单中可选 Insert Edit(插入编辑)和 Overlay Edit(覆盖编辑)命令。

Transitions(转换方式):其下方有两个复选框,默认为选中状态,即在片段之间加入默认的转换方式(默认为叠化方式)。

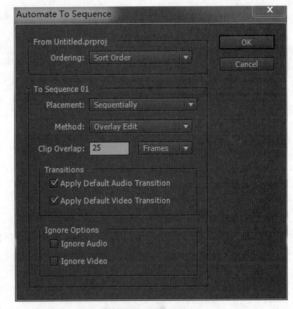

⊕ 图 2-26

设置完成后单击 OK 按钮,所选镜头即按照一定顺序排列到时间线窗口的序列中。此方式要求剪辑师对镜头内容比较熟悉,并且在脑海中对于镜头顺序有了初步安排后方可使用,因而不提倡初学者使用该方法。建议可以在对剪辑有了一定操作经验和了解后,然后利用该方法提高剪辑的画面感和对镜头的想象力和掌控力。

完成排序之后,选择 File(文件)→ Export(导出)→ Media(媒体)命令,会弹出 Export Settings(导出设置)对话框,如图 2-27 所示。

在右上方选择导出文件的格式、文件储存路径以及名称,在右下角单击 Export 按钮即可导出文件。也可以用 Queue 将工程导入 Adobe 的 Media Encoder(媒体编码器)中,即进行第三方导出。

 图 2-27

至此,就完成了一个完整的从素材导入、剪辑、输出的流程。

2.3.2 初识 Edius

下面做一下练习。

首先,打开配套资源→案例→ 01 → ad_Edius.ezp。

打开的方式有如下方式。

(1)双击 ad_Edius.ezp 直接打开它。

(2)先运行 Edius,在欢迎界面中选择"打开工程",然后从弹出的对话框中选择 ad_Edius.ezp,打开工程。

打开工程之后,素材库窗口可能出现如图 2-28 所示的情况,表示素材文件离线,这是由于 Edius 软件在系统中找不到文件路径所致。

 图 2-28

如图 2-29 所示,以"裂开"的形状所表示的都是离线文件,需要重新指定其目录位置。单击"文件"菜单中的"恢复离线文件"命令,在打开的窗口中单击"打开素材恢复对话框"选项,之后会打开恢复离线素材的对话框,如图 2-29 所示。

在"范围"选项中选择"所有时间线序列和素材库",配合 Shift 键或 Ctrl 键选中所有需要恢复的素材,在"恢复方法"的选项中选择"重新连接(选择文件夹)",打开文件夹选择对话框,选择指定的文件夹,即可恢复素材。

打开之后可以看到一个完整的工程界面,如图 2-30 所示。

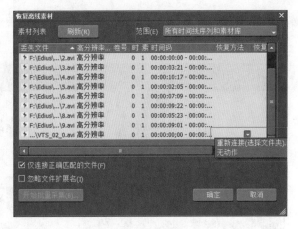

图 2-29

Edius 工作界面中的窗口可以被拖动,并可以保存自定义的布局。可以使用"视图"→"窗口布局"→"保存当前布局"命令保存当前自定义的布局。

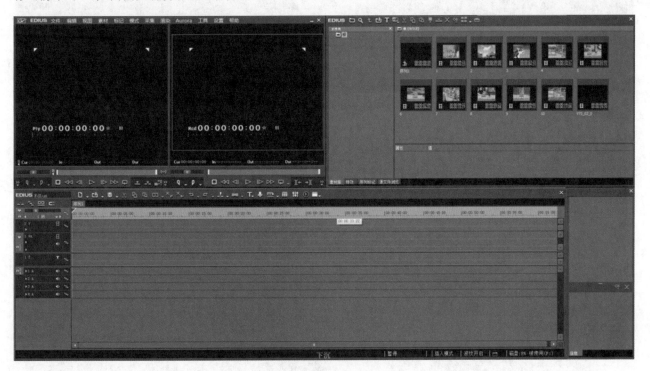

图 2-30

Edius 在首次打开时,默认只有一个节目监视器窗口,没有源监视器窗口,可以在"视图"菜单中选择"双窗口模式"命令来打开源监视器窗口。

在素材库窗口中,有一个时间线序列和编号为 1 ~ 10 的 10 个 AVI 文件。素材库窗口左侧是文件夹目录,在此可以很方便地对素材进行管理,这也是 Edius 相对于其他非线性编辑软件的一个很有优势的地方——强大的文件管理能力。

单击将 1.avi 拖动到左侧的源监视器中释放,就能看到该视频文件显示在源监视器屏幕上。单击源监视器下方的播放按钮,可以播放素材。另外,双击 1.avi 也能使素材在源监视器窗口中显示。

拖动源监视器中的画面,可以将素材拖动到时间线轨道中。

像 Premiere 一样，可以用鼠标对时间线轨道上的素材进行拖动，按照 2-5-3-1-8-6-9-7-4-10 的顺序排列好，就完成了一个简单的视频编辑的过程，如图 2-31 所示。

⊕ 图　2-31

接下来，单击"文件"→"输出"→"输出到文件"命令，就可以打开如图 2-32 所示的窗口，在此可以对输出的媒体文件进行相关的设置。比如，以 MPEG 格式为例，选择好文件格式之后，单击"输出"按钮来输出文件。

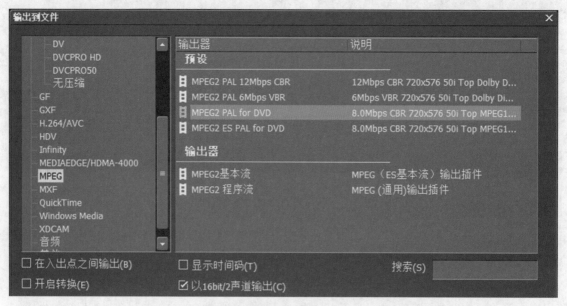

⊕ 图　2-32

单击界面右下角的"输出"按钮，会弹出如图 2-33 所示窗口，选择文件的输出位置，再选择保存文件的类型，并选择输出质量，然后单击"保存"按钮即可。

至此，就在 Edius 软件上完成了一个从素材导入、进行影片剪辑，再到文件导出的完整流程。

图 2-33

2.3.3 初识 Vegas

打开 Vegas，选择 File（文件）→ Properties（属性）命令，在打开对话框的 Preset（预设）选项区中选择 PAL-DV（720×576）的选项，单击 OK 按钮，将当前工作模式切换成 PAL 制式。

单击界面左上角的 Exlorer（浏览器）标签，在面板左侧窗格中依次找到"配套资源"→"案例"→ 01，右侧就会显示该文件夹下所有的视频文件，选择 1.avi ~ 10.avi 视频文件，用鼠标将其拖动至 Explorer（浏览器）标签下方的时间线窗口空白处，如图 2-34 所示。

此时时间线上就会显示放入的 10 个视频，而 Project Media 窗口中也会自动显示 10 个文件，如图 2-35 所示。

图 2-34

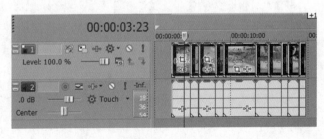

图 2-35

在右侧时间线上，滚动鼠标中间滚轮，可放大 / 缩小时间标尺。放大后有利于我们观看视频效果，也便于进行剪辑。

其他操作与以上的两个软件基本相同,左键拖动这 10 个镜头素材,排列好顺序,再按空格键进行播放。可在右上侧监视器中观看画面。

完成以上操作后即可进行输出。选择 File(文件)→ Render As...(渲染为)命令,弹出 Render As 渲染设置菜单,如图 2-36 所示。最上方 Output File(输出文件)标签下可以选择 Folder(文件夹)和 Name(文件名)。

选择如图 2-37 所示的 Windows Media Video V11(*.wmv),打开前方小三角,再选择 3Mbps Video 的选项,如图 2-37 所示。

单击右下角 Render 按钮,即可渲染并输出视频文件,从而可以完成一个简洁而完整的工作流程。

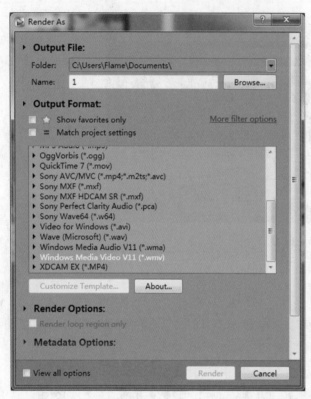

☻ 图 2-36

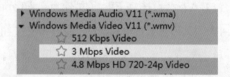

☻ 图 2-37

2.4 导入素材

对于素材的获取有许多途径。基本上来说,如果使用照相机或者是家用 DV 拍摄的素材,直接通过读卡器复制素材到硬盘上就可以了。有些型号的 DV 所使用的储存格式,需要用专用的软件进行格式转换后才能导入剪辑软件中使用。如果是广播级的素材,使用的主要是磁带,比如 DVCPRO、BETA SP 等。要获取这些素材,需要先把录放机连接到专业采集卡上,通过软件的采集功能采取视频并储存到硬盘中。

这部分的动作对于普通家用用户而言使用的机会并不多,因此在这里仅作简单介绍。而电视台所使用的广播级设备,除了连接的接口、板卡有所区别以外,操作上基本类似。

在 Premiere 中,在进入采集功能工作区域以后,通过按快捷键 F5 可以打开采集界面。另外,也可以通过菜单命令 File(文件)→ Capture(采集)打开它,菜单命令如图 2-38 所示。

弹出的 Capture 对话框如图 2-39 所示。

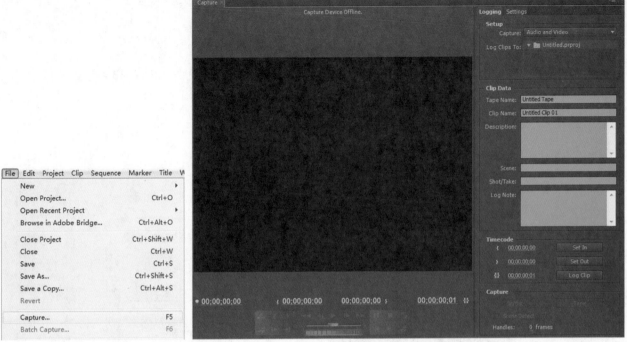

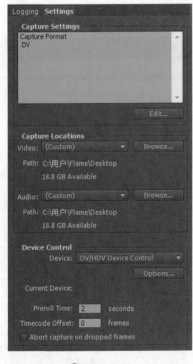

图　2-38　　　　　　　　　　　　　　　图　2-39

使用 Capture 对话框下方的播放控制按钮来进行素材带子的播放与快进快退，然后找到需要的素材，选定合适的时间，单击"录制"按钮即可进行视频的采集。

采集好的素材都保存在计算机硬盘里，均以 .avi 形式保存，视频格式是 DV-AVI。

储存路径在右侧的 Setting 选项卡中可以设定，可以自己设定素材文件的储存位置，如图 2-40 所示。

使用 Edius 软件时，要进行视频采集则可以使用"采集"菜单，如图 2-41 所示。其基本用法与 Premiere 基本上是一致的，不再重复。

图　2-40　　　　　　　　　　　　　　　图　2-41

Premiere 中采集进来的素材会直接呈现在 Project（工程）窗口下，如图 2-42 所示。

接着就可以在软件里导入素材了。

Premiere 导入素材的方式有四种，分别如下：

● 打开 Project 窗口，在空白处右击，从弹出菜单中选择 Import（导入）命令，如图 2-43 所示。

⊕ 图　2-42

⊕ 图　2-43

● 打开 File（文件）菜单，选择其中的 Import 命令。

● 在 Project（工程）窗口的空白处双击。

● 按键盘快捷键 Ctrl+I。

四种方式均可激活 Import 菜单，操作后会出现新的对话框，如图 2-44 所示。

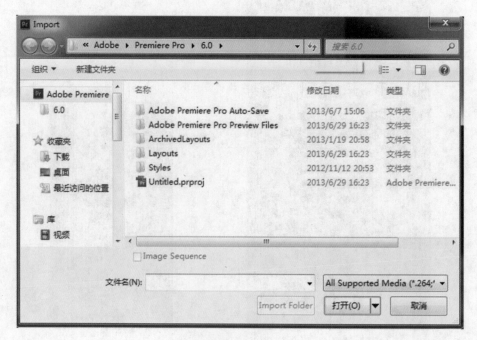

⊕ 图　2-44

在这个对话框中选择需要的文件素材,比如为视频、图片、音乐,然后单击右下角的"打开"按钮,即可将素材导入 Premiere 的 Project 窗口中。

Edius 软件中的操作方式基本类似,这两款软件的操作还是有很多相似的地方。

在 Edius 中按下快捷键 B 即可打开素材库窗口,在窗口中同样可以使用右键快捷菜单的方式来激活导入文件的对话框。但是 Edius 软件的"文件"菜单里是没有"导入素材"这项命令,同时,快捷键也不是 Ctrl+I,而是 Ctrl+O。

Edius 软件的素材库窗口如图 2-45 所示。

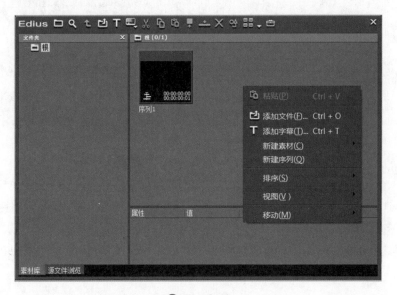

图 2-45

其中,"添加文件"命令用于导入素材,而"打开"对话框用于打开指定文件,如图 2-46 所示。

Vegas 软件则是通过 Project Media(项目媒体)窗口左上方的 Capture Video(采集视频)按钮 来进行视频采集;单击 Import(导入)按钮 可以激活"导入"菜单,如图 2-47 所示。另外,也可以用 File(文件)菜单下的 Import 命令实现素材的导入功能。

图 2-46

图 2-47

Vegas 软件中的 Project Media（项目媒体）窗口与 Premiere 中的 Project 窗口功能相似，都是处理素材的窗口。在 Media Bins（媒体箱）上右击，从快捷菜单中选择 Create New Bins（创建新储存箱），即可看到 Media Bins 文件夹下会创建新的文件夹，如图 2-48 所示。

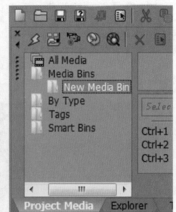

⊕ 图 2-48

Vegas 软件还可以采用更简便的方法，在 Explorer（浏览器）面板中直接将视频拖曳到下方的时间线上，无须放入素材窗口。这种方法适用于镜头很少的视频素材。软件会在 Project Media 窗口中自动导入素材。

这样就能完成素材导入的第一步工作。

导入之后的各种素材都会显示在相应的窗口中，Premiere 软件是 Project 窗口，Edius 软件则是素材库窗口（图 4-49），Vegas 软件则是 Project Media 窗口。

⊕ 图 2-49

在这里值得一提的是，Edius 软件提供了文件夹导入的功能。这个功能非常方便，可以把计算机硬盘中整理好的视频素材文件夹一次性直接导入软件中。例如，准备好的素材文件夹 test 下面分别有 A、B、C 三个文件夹，而 A 下面还有 A-1 文件夹，如果分别导入就很烦琐。利用 Edius 提供的这个功能，在主界面左侧的"根"节点上右击，从快捷菜单中选择"打开文件夹"命令，然后在弹出的对话框中选择硬盘中的 test 文件夹，即可一次性将 test 文件夹及其子目录一次性全部导入素材库窗口中，如图 2-50 所示。

与此对应，Premiere 软件在 CS 4 以后的版本中也添加了这种功能，即 Media browser（窗口浏览器）。这是在软件中内置了一个浏览器，可以直接浏览计算机硬盘中的文件，找到 test 文件夹，然后将其拖动至 Premiere 的 Project 窗口中，即可以实现与 Edius 软件中导入文件夹同样的功能。但是这种导入的方式只是把 test 下面的所有文件全部导入，并不保留原有的文件夹路径，仍然需要我们手动建立文件夹来对文件进行分类，这比 Edius 中的操作要麻烦，如图 2-51 所示。

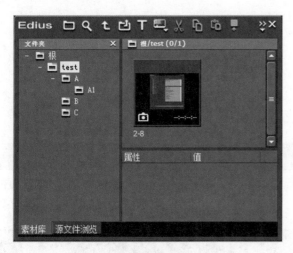

⊕ 图　2-50

⊕ 图　2-51

Premiere 软件的 Project 窗口中显示的素材用各种不同的小图标来区分视频、音乐、图片、序列、字幕等，如图 2-52 所示。第一个是图片文件；第二个是音频文件；第三个是视频文件；第四个是序列；第五个是字幕，通过其文件名前方小图标即可分辨。

Edius 素材库窗口同样也用各种小图标区分不同的素材类型，如图 2-53 所示。

⊕ 图　2-52

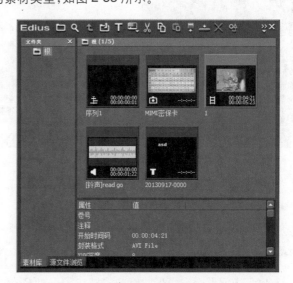

⊕ 图　2-53

当导入许多素材之后，会发现进行视频剪辑的时候整理素材是一项非常繁复的工作。与在硬盘中就要把素材整理好一样，在管理剪辑素材的时候也要将素材进行分类整理。如图 2-54 所示为 Premiere 中一个商业项目文件分类的样例。其中，8-3 与 8-4 都是拍摄日期，之下都是用小栏目名称或者序列（sequence），也可以使用 yinyue（音乐）之类的拼音去命名。全片大约有 400 个镜头,其中有 20 个左右的特效镜头,素材被整理到 24 个文件夹中。

整理素材的时候可能会用到素材库窗口中的一些功能（鼠标停留在一个按钮或工具上 3 秒钟,即会弹出该按钮或工具的名称,如图 2-55 所示）。

第一个按钮 List View（列表显示）的作用是以列表状态显示素材文件。

第二个按钮 Icon View（图标显示）的作用是以小图标的方式显示素材文件。

一般情况下用 Icon View 的情况比较多一些。默认设置是 List View 方式,但在 CS 6 版本的 Icon View 方式下有了极大的改进,用鼠标放在图标上进行左右晃动即可预览视频内容,这对于搜索镜头内容非常方便,如图 2-56 所示。

🛨 图 2-54

🛨 图 2-55

🛨 图 2-56

小技巧:当没有选中任何视频的时候,可以用鼠标在视频上左右晃动来控制视频预览速度的快进快退;当选中了一个视频时,视频画面下方会出现一个时间条,可以用鼠标拖动中间的灰色按钮进行前进和后退。这种预览方式只存在于 CS 5 之后的版本中,从而极大地方便了剪辑师对于素材的整理和搜索。

图 2-55 中间两个三角形状组成的按钮用于对 Project 窗口中的内容进行放缩。右侧的按钮功能依次说明如下。

- Automate to sequence...（自动添加至序列）:将文件自动按一定顺序添加到序列中。
- Find...（搜索）:根据不同方式和内容搜索需要的素材文件。
- New Bin（新建文件夹）:在工程窗口中新建一个文件夹,用来存放素材。

- New Item（新建项目）：会弹出下级菜单，如图 2-57 所示。
- Clear（清除）：删除文件目录或者文件、序列、字幕等项。

New Item 按钮下有一些菜单会被经常用到，分别介绍如下。

Sequence（序列）：屏幕下半部分的时间线窗口中最重要的组成部分，一个序列代表着一条时间线，即对应着一个视频剪辑。这个概念在 2.6 节中会做进一步讲解。

Offline File（离线文件）：这是视频文件的替代品，其显示一般如图 2-58 所示，画面中显示为多国语言，中文意思就是"媒体离线"。

图　2-57　　　　　　　　　　图　2-58

一般一个剪辑中的视频文件从硬盘中删除或者改名，或者更改了路径，软件会提示找不到文件，然后就会显示该画面。

而我们主动建立一个离线文件的目的就是当剪辑时缺镜头或者需要一个文件来填充时间线上的空当时，就可以用离线文件来替代。

Adjustment Layer（调节层）：这个概念来源于 After Effects（Adobe 公司的另一款视频特效合成软件）。可以在调节层上添加效果器，其效果会影响到调节层以下的所有视频片段。具体用法在特效一章会做详细讲解。

Title（字幕）：单击该命令会弹出一个新的界面，专门供制作字幕时使用。具体用法在字幕一章会做详细讲解。

Bars and Tone（标准音频彩条）：如图 2-59 所示，该彩条上色彩从左至右分别为白、黄、青、绿、品、红、蓝，请牢记这个顺序。因为我们需要通过这个彩条来检查信号输入时色彩信号是否出错。例如信号输入时黄色信号没了，那么黄色的色条就会变灰，相应的其他色彩也都会产生变化。

图　2-59

Black Video（黑色视频）：用于建立一段纯黑的视频，很少用到这个功能。

Color Matte（色彩遮罩）：会建立一个单色画面，色彩可以自由选择。可以简单理解为向摄影机镜头前放了一张单色的色纸，如图 2-60 所示。

HD Bars and Tone（高清彩条）：效果如图 2-61 所示。

Universal Counting Leader（通用倒计时）：如图 2-62 所示。

Transparent Video（透明视频）：可以将其看作一个透明的有色遮罩，然后在其上添加如时间码、镜头光斑之类涉及 Alpha 透明通道的特效，其使用频率较低。

⊕ 图　2-60

⊕ 图　2-61

相对应的 Edius 软件中,素材库窗口的可操作内容会略有不同,如图 2-63 所示。

⊕ 图　2-62

⊕ 图　2-63

Edius 软件的素材库菜单在窗口顶部,可以看到按钮比较多,从左至右依次说明如下。

文件夹:用于存储和管理视频、音频等相关素材。

搜索:在软件内通过搜索关键词快速找到素材或操作命令。

上一级文件夹:返回到上一个目录。

添加素材:在软件中加入新的素材。

添加字幕:打开字幕机,新建字幕。

新建素材:打开素材库,新建素材。

剪切:将选中内容剪掉。

复制:将选中内容从一处复制到另一处。

粘贴:将选中的内容复制或剪切后移动到另一个位置,内容不发生改变。

在播放窗口中显示:将素材放入播放窗口,可在该窗口中显示素材。

添加到时间线:将素材拖动到时间线上。

删除:将不需要的素材或者操作命令等清除掉。

属性:对特性的一种描述。

视图:一个虚拟表,可以用来查看数据库中的数据。

工具:引入外部工具。

这些按钮中，"新建素材"与 Premiere 的 New Item（新建项目）功能基本类似。"新建素材"下面的次级菜单下有三个选项，分别是"彩条"、"色块"、"快速字幕"。"色块"对应 Premiere 中的 Color Matte，"快捷字幕"对应 Premiere 中的 Title（字幕）功能。

同样，两个软件在素材窗口空白处的右键快捷菜单也比较类似，如图 2-64 所示。

(a) Premiere快捷菜单　　　　　(b) Edius快捷菜单

图　2-64

两种菜单的主要功能，Import 命令与"添加文件"命令一样，而 New Item 菜单与"新建素材"、"新建序列"及"添加字幕"命令功能类似。因此两种软件在素材窗口的快捷菜单方面十分类似。

不只如此，如果试用过几种软件之后就会发现，几乎大部分非线性编辑软件的素材窗口的快捷菜单命令都十分类似。无论是 Avid 还是苹果系统上的 FCP，素材处理的方法都大同小异。唯一有所不同的是 Vegas，其完全没有素材窗口中的"新建"命令，也没有"序列"的概念，只有一个时间轴。

其他软件在素材窗口要创建的色彩遮罩之类内容，Vegas 已经在素材窗口中准备好，可以直接拖曳到时间线来使用。在左下角单击 Media Generators（媒体生成器）标签，在打开选项卡的左侧可以看到较常用的类别，如图 2-65 所示。部分类别的作用说明如下。

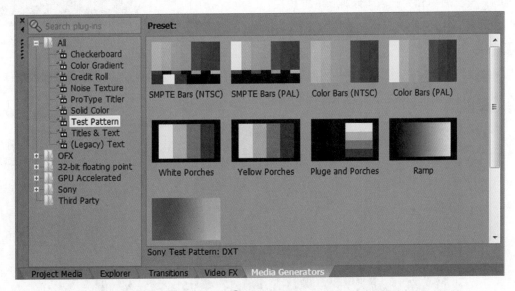

图　2-65

Checkerboard：棋盘格。

Color Gradient：渐变色彩。

Credit Roll：滚动字幕。

Solid Color：单色固态层，即色彩遮罩。

Test Pattern：测试图。

Titles & Text：字幕动画。

Sony 类别中为剪辑师准备好了很多模板，可以直接使用。

2.5　粗　　编

在素材顺利导入软件中并且处理完后，下一步就进入了粗编的阶段。这个阶段的主要任务是浏览素材并进行分类，过滤掉无用和废弃的素材，选取导演和剪辑师认为需要的素材并放置到时间线窗口中去。

在正式工作时，一般会有导演或者编导介入，很多公司配备的剪辑师在这个阶段往往沦为了操机员。编导说这个镜头要用，剪辑师就把选定的镜头截取出来。而在电视台里，尤其是制作新闻节目时，粗编这个阶段甚至都不需要剪辑师介入，记者要独立完成片子的粗编工作。甚至某些栏目，只由编导、记者或剪辑师一个人完成粗剪工作。这个阶段的工作是十分重要的。

2.5.1　Premiere 中的粗编

打开 Premiere 软件，新建一个工程，选择预置功能并建立一个 PAL 制式的标清为 4 : 3 的序列（图 2-66），导入配套资源→案例→ 02 目录下的所有素材。

练习 2：该目录中的视频文件为清华大学招生宣传片，一共分为 6 个短片，分别从 6 个不同角度对清华大学进行了展示。本练习要求将原长一共 8 分钟 30 秒的素材重新剪辑为一段 1 分钟长的宣传片。下面介绍制作过程。

单击一个素材文件，将其拖曳至左侧的监视器中释放。或者双击一个素材文件来打开它。

⊕ 图　2-66

由于左侧监视器播放的是源素材文件，因而这个监视器也叫源监视器，即上文所述的 Source（源）监视器。按照行业惯例，源监视器会放置在左侧，如图 2-67 所示。

⊕ 图　2-67

本案例中的素材比较长,且分为几个不同的小片子。单击源监视器,按下空格键,即可开始播放素材。

首先将素材全部浏览一遍,对即将要剪辑的素材要有总体的了解。

对素材大体了解之后,开始思考新的 1 分钟版本要如何剪辑,以什么样的逻辑、什么样的段落安排、什么样的叙述方式来重新构成 1 分钟版本的宣传片。这个思考过程要贯穿于之后的整个剪辑流程中。

拖动监视器画面下方小时间线中的倒梯形标尺(图 2-68),将其拖回到最左侧,按空格键重新浏览素材。这个倒梯形标尺的全称为时间指示器,其作用是指示当前画面的时间码以及当前画面在整个视频片段中所处的位置。当拖动时间指示器时,图 2-68 左上角的时间码会随之改变,该位置显示的即为当前画面的时间码。而右上角的时间码从素材导入开始就不会改变,该位置显示的即为当前素材的总时长。

⊕ 图　2-68

拖动标尺的过程中会看到显示器中的画面会随着鼠标的移动而发生变化。

源监视器下方的按钮栏中各按钮的作用如下。

标记:在播放指示器停留的位置添加标记。

设置入点:设置素材视频的起始点。

设置出点:设置素材视频的结束点。

跳至入点:将播放指示器快速移动到入点处。

逐帧倒退:一帧一帧地向后退。

播放 / 停止:控制素材的播放和停止。

逐帧前进:一帧一帧地向前进。

跳至出点:将播放指示器快速移动到出点处。

插入:将选中的素材片段插入轨道中,其他素材从插入点处截开。

覆盖:将选中的素材片段插入轨道中,覆盖其他素材。

输出当前帧:将当前画面输出成静态图片。

最右侧的"+"按钮是添加功能按钮的开关,单击后会弹出一批隐藏功能,可以根据需要添加到默认的工具栏中。

在浏览过程中,要注意挑选合适的镜头。例如,当播放片子到 00:00:10:02 的时候,该镜头是需要的片段,此时要将该片段截取出来。方法有如下几种。

(1)拖动标尺至 10 秒 02 帧。

(2)播放至 10 秒左右,将鼠标移动到小时间线上,与标尺处在同一水平线上,滚动鼠标中间滚轮,定位至 10 秒 02 帧。

(3)单击左上角的时间码,手动输入 1002。

(4)在小时间线上单击,标尺即会跳跃至单击位置。在 10 秒左右位置单击,使用键盘的左右方向键,即可控制时间码逐帧前进或逐帧后退,最终定位至 10 秒 02 帧。

以上方法根据各人爱好可以自由使用,这些方法在之后的精剪、特效等环节还将继续使用。

标尺定位完之后,单击图 2-68 下方按钮中的第二个按钮(左大括号),该按钮的名称为 Mark in (Premiere Pro CC)或者 Set in point (Premiere CS 系列版本),设置切入点。

用上述方法继续定位该片段的结尾,时间码为 **14 秒 07 帧**。定位完成后单击第三个按钮(右大括号),其名称为 **Mark out**(Premiere Pro CC)或 **Set out point**(Premiere CS 系列版本),设置切出点。

此时小时间线上会出现一小段被大括号截取出来的浅灰色。这一段镜头组就截取好了。

接着拖动左侧监视器中的画面至右侧监视器中,释放之后即可看到下方时间线窗口中出现了一个剪辑(clip)。或者拖动左监视器中的画面直接到右下方的时间线窗口中释放,也可以达到同样效果。用鼠标将时间线窗口中的时间指示器进行拖动,当指示器的红色时间扫描线扫过视频片段时,即可看到画面,如图 2-69 所示。

⬆ 图　2-69

至此,就完成了一个视频片段的截取操作。

下面总结一下截取的流程。

(1)播放素材。

(2)设置切入点。

(3)设置切出点。

(4)将选择的视频片段置入时间线窗口中。

粗编工作就是通过反复进行以上操作,将需要的镜头筛选出来,并放入时间线窗口的序列中。这个工作的流程也是很多剪辑师最常用的动作,应当反复训练,将以上动作尽快熟悉并且操作熟练,尤其是快捷键 I、O 的熟练使用,可以极大地提高操作效率。

继续做练习 2。把整条素材全部浏览一遍,根据个人喜好截取出 30 ~ 60 个视频片段做备用。截取时尽量做到一个镜头一截,避免一个片段中含有过多的镜头。将挑选出来的镜头都排列到下方的时间线窗口的序列中。

至此就基本完成了粗编的操作。

使用快捷键 **Ctrl+S** 打开保存文件的对话框,然后选择存储路径和文件名,单击 **Save**(保存)按钮,即可将练习的结果保存为工程文件。

另外,将截取的镜头置入时间线窗口还有另外两种方式:即插入与覆盖。为了更好地理解这两种编辑方式,打开练习 3,即配套资源→案例→ 03 目录下的工程文件,如图 2-70 所示。

⊕ 图　2-70

　　Sequence 01 下有四个视频片段已经剪辑完成。双击 MVI_7940,或将其拖至源监视器中,该视频片段已经设置好切入点和切出点。现在要将选好的镜头加入 Sequence 01 中。

　　单击源监视器下部的 Insert(插入)按钮或者按键盘上的",”键。选定镜头(化妆品)被插入时间指示器选定位置,而 Sequence 01 中原来的视频片段(男模特)自动向后移动,如图 2-71 所示。

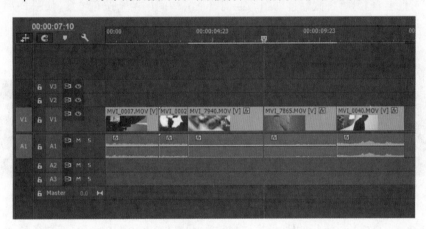

⊕ 图　2-71

　　现在按 Ctrl+Z 组合键撤销该操作,使软件恢复到刚打开工程文件时的状态。单击 Overlay(覆盖)按钮或者按键盘上的".”键。选定镜头被置入时间指示器位置,但是 Sequence 01 中原来的视频片段没有移动,其原有内容(男模特)被选定的新镜头(化妆品)所覆盖,如图 2-72 所示。

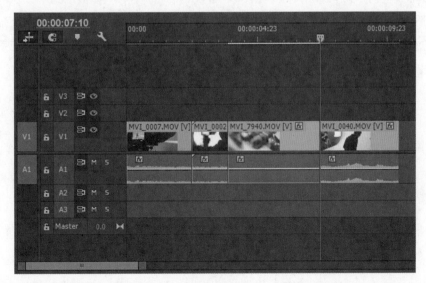

⊕ 图　2-72

Insert（插入）和 Overlay（覆盖）的使用应当根据具体的情况来灵活选择。简单地说，当需要在全片中加入一个镜头但是又不希望删掉其他镜头时，可以选用 Insert。当需要在片子中换掉一个镜头，或者替换掉其中的一段，但是要保持总时长不变；或者希望其他位置的镜头不要有改动，尤其是剪辑按照音乐的节拍和段落已经确定的情况下，只改动其中的某几个镜头，就需要用 Overlay 来替换视频片段。

另外需要注意的是，轨道头的最左侧有两个浅灰色的 V1、A1 的开关。无论在哪一个轨道前的灰色空格处单击，V1 或 A1 都会移动过去。这个开关控制的是源监视器素材 Insert 或 Overlay 到时间线上的轨道位置。

例如，将案例 03 中的视频素材插入时间线之前，单击 V3 轨道最左侧的灰色空格，即可将 V1 图标切换过来。此时无论单击 Insert 或 Overlay，视频都将出现在 V3 轨道上。而 A1 图标依然处在 A1 轨道前，因此，音频就被新镜头覆盖了，如图 2-73 所示。

实际在操作中更常用的方式是直接用鼠标把画面拖动到时间线上，系统默认状况下就是选用 Overlay（覆盖）模式，被拖动下来的片段会直接覆盖原序列上的内容。如果希望变成插入模式，在按住 Ctrl 键的同时再用鼠标拖动画面，就会变成 Insert（插入）模式。请注意，无论是哪种模式，拖动下来的视频片段都是视音频一起操作。如果想单独置入视频或者音频，可将鼠标移动到源监视器下方中间的两个按钮位置，如图 2-74 所示，鼠标指针会从三角箭头变成手状。

图 2-73

图 2-74

这两个图标分别是 Drag Video Only（只拖动视频）、Drag Audio Only（只拖动音频）。顾名思义，通过拖曳两个图标可以实现只置入视频或者音频的功能。

下面再介绍几种相关功能。

画面大小：下拉菜单中有各种绽放大小的百分比可选，一般选择 Fit（适配），此时画面会自动根据监视器屏幕尺寸自行匹配，如图 2-75 所示。

画面质量：预览播放视频时如果出现卡画面或者停顿的现象，一般是由于硬件速度偏慢所致，此时可以采取降低画面质量的方式来改善，可使用 1/2、1/4 等质量选项，以提升播放的流畅度。这种画面质量只影响软件的预览，对于最终输出成片无影响，如图 2-76 所示。

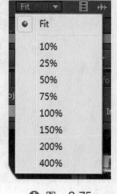
图 2-75

图 2-76

Setting（设置）：设备监视器设置选项很多，在做视频特效与调色时会经常使用。

镜头筛选完成后将会有几种处理方式。

（1）如果素材不多，镜头量也不大，可以直接将截取下来的镜头排列到时间线窗口，不详细处理细节，只是把全片结构理顺。这项工作基本上几个小时内即可完成，比较适合应用于新闻、广告、创意短片等一两分钟以内时长的剪辑。

（2）如果素材量较大，就很难一次性在时间线窗口中整理完所有素材，可能需要一两天时间来浏览素材并进行截取和分类。此时可将已经挑选好的素材镜头放在不同的时间线中，再根据内容对其进行分类，便于精剪时选取镜头。此方法较适合于宣传片、故事短片、微电影等 3 ~ 10 分钟的剪辑。

（3）当素材量非常大，拍摄经历数天、十几天甚至是几个月，此时前期应当有详细的场记，标明剪辑所需信息。粗编时可根据场记将需要的镜头挑出，采用时间分类、段落分类或者场次分类等方式将镜头分门别类地存放，并且用时间或者场次等对其命名，有利于后期进行大段剪辑。该方式较常见于纪录片、电影、电视剧等对应的剪辑。

粗编阶段到此就暂告一段落了，完成粗编的片子尚显粗糙，但基本上已经呈现大体的结构和逻辑，镜头内容也大致确定。之后就要进入精剪的阶段，对全片进行细致的修整。

2.5.2　Edius 中的粗编

打开 Edius，选择用户，新建预置或者选择已有的预置，然后进入软件工作界面。如果进入界面后预置不够使用，可以选择主菜单中的"设置"→"系统设置"命令，在打开对话框左侧列表框中选择"应用"节点下的"工程预设"，如图 2-77 所示。

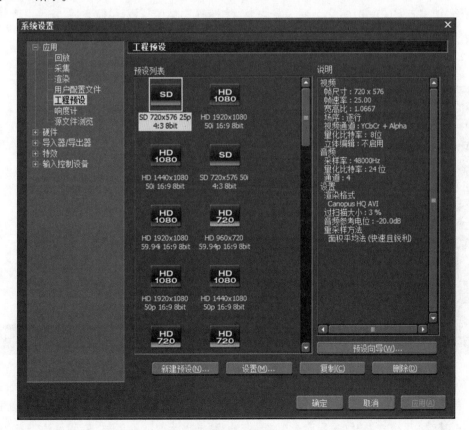

↑ 图 2-77

单击对话框右下角的"预设向导"按钮,在弹出的对话框中选中所有选项(可以适当去掉一些不常用的选项,例如 10bit 等选项),单击"下一步"按钮,然后在下一个对话框中勾选想要的预设,单击"完成"按钮,如图 2-78 所示,即可在"欢迎"界面中获得数十种预设供选择。

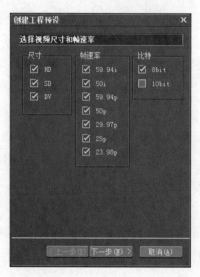

☆ 图　2-78

从预设中选择标清 SD 的 PAL 制、50i、720 × 576 大小的制式并进入工作界面。然后完成下面的粗编工作。

Step 1：在视图中选择双窗口模式,将工作界面变为与 Premiere 非常类似的双窗口剪辑状态。然后按 B 键,激活素材库窗口。在空白处双击,导入案例"练习 2 素材 .mp4"。

Step 2：将素材窗口的"练习 2 素材 .mp4"拖动到左侧源监视器中,如图 2-79 所示。

Edius 粗编的流程与 Premiere 相似,都是要先对素材有个总体的了解,了解之后,开始思考片子如何剪辑、剪辑的逻辑、段落安排等问题。

与 Premiere 相似, Edius 的源监视器下方也有一排按钮,如图 2-80 所示。

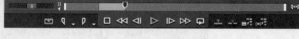

☆ 图　2-79　　　　　　　　　　　　　　　　　　☆ 图　2-80

上方左边是一个"缩放导航条",左右拖动可以让素材以 1/20 到 16 不等的速度快退或快进,便于快速浏览素材。右边的按钮 两种模式,一种是显示全部素材;一种是显示截取的素材,中间是进度条,进度条中黑色

"铅笔头形状"的标尺为"时间指示器",功能与 Premiere 中的时间指示器相同。

下方的按钮从左到右作用分别（第一个）说明如下。

设置入点（I）：设置素材视频的起始点；

设置出点（O）：设置素材视频的结束点；

停止：停止视频播放窗口的播放；

快退（J）：是素材按照一定的速率倒放；

逐帧倒退（Left）：一帧一帧地向后退；

播放（Space）：控制素材的播放或停止；

逐帧前进（Right）：一帧一帧地向前进；

快进（L）：使素材按照一定的速率快进；

循环（Ctrl+Space）：使素材循环播放；

覆盖到时间线（]）：将选中的素材片段插入轨道中,覆盖其他素材；

插入到时间线（[）：将选中的素材片段插入轨道中,其他素材从插入点被截开；

添加播放窗口的素材到素材库（Shift+Ctrl+B）：将当前播放窗口的素材添加到素材库并生成新的素材；

添加子素材到素材库：将出入点之间的视频素材添加到素材库并生成新的素材。

在浏览过程中可以开始挑选合适的镜头。例如,当播放到 00:00:10:02（10 秒 02 帧）的时候,该镜头是需要的片段,此时要将该点设置成入点。方法有如下几种。

（1）拖动标尺到 10 秒 02 帧处。

（2）播放到 10 秒左右时,滚动鼠标滚轮,一帧一帧地前进或后退进行定位。

（3）单击素材画面下方的 In 后面的时间码,输入 1002,直接定位至 10 秒 02 帧。

（4）播放至 10 秒左右时,使用键盘快捷键 Left、Right 一帧一帧地前进或后退,并进行准确的定位。

以上方法根据个人的爱好自由选择,标尺定位完成之后,单击"设置入点"按钮,或使用 I 键,将该点设置为视频素材的入点。

使用同样的方法继续定位该片段的片尾,时间码为 00:00:14:07（14 秒 07 帧）。定位完成后单击"设置出点"按钮,或使用 O 键设置出点。

此时进度条上会出现一段截取出来的不同颜色的视频,这样一段教师讲课的镜头组就被截取好了。

拖动源监视器中的画面到右侧监视器,释放之后即可看到下方时间线窗口中出现了一个剪辑。或者可以拖动源监视器中的画面到时间线窗口的"VA 轨"上（一般习惯首先使用 VA 轨）,拖动时间线标尺,右侧监视器中同样也会显示视频画面,如图 2-81 所示。

至此,就在 Edius 软件中完成了一个视频片段的截取。

下面总结一下截取流程。

（1）播放素材。

（2）设置入点。

（3）设置出点。

（4）将选择的视频片段植入时间线窗口中。

粗编的工作就是对上述流程的反复。将需要的镜头筛选出来,放入时间线窗口的序列中。这个流程是一个剪辑师应该熟练掌握的流程,尤其是快捷键 I、O 的使用,可以极大地提高工作效率。

对于"覆盖到时间线（]）"和"插入时间线（[）"的用法,与 Premiere 的"覆盖"和"插入"用法相同。

不同的是，将素材直接拖入时间线轨道中时，Edius 默认是插入，而 Premiere 默认是覆盖。

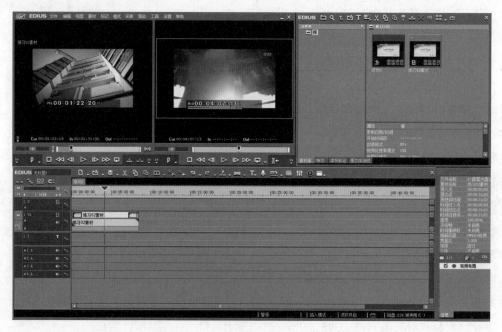

图 2-81

Edius 的源监视器中有两个这样的按钮■单击可以切换模式——只截取视频或只截取音频。另外，素材窗口中有一排五组时间码，如图 2-82 所示。

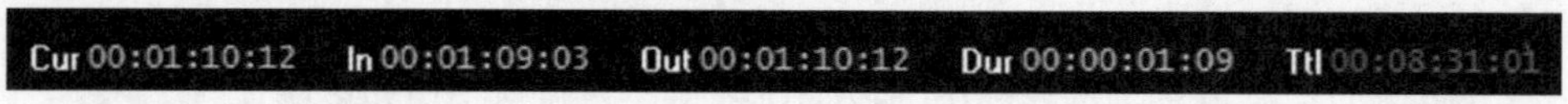

Cur 00:01:10:12　In 00:01:09:03　Out 00:01:10:12　Dur 00:00:01:09　Ttl 00:08:31:01

图 2-82

Cur：当前时间码标尺停留的位置。

In：入点位置。

Out：出点位置。

Dur：出入点之间素材的长度。

Ttl：视频素材的总长度。

粗编的大致流程与理念，Edius 和 Premiere 是相通的，不同的只是软件的操作、个人的操作习惯。

2.5.3　Vegas 中的粗编

如果经常使用 Vegas，就需要略微改变粗剪的操作习惯。与 Premiere 和 Edius 不同，Vegas 更倾向于在时间轴上进行剪辑。

Vegas 将源监视器改为 Trimmer（修剪机）窗口。单击 Project Media（项目媒体）窗口上方的 Import 按钮，导入"练习2 素材 .mp4"。将其拖动到右侧的 Trimmer 窗口中。如果该窗口未打开，可以通过主菜单 View → Trimmer 激活，如图 2-83 所示。

在 Trimmer 窗口下方有一排播放控制键，以及几个适配按钮。下面解释其中比较重要的几个按钮的作用。

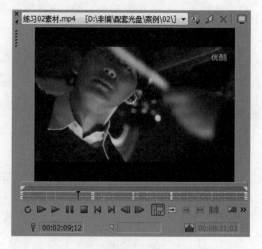

图 2-83

Enable Timeline Overwrite：激活时间线覆盖。该按钮的功能就是当把视频拖到时间线上去时，如果与原有视频重叠，该按钮打开时，则覆盖原镜头；按钮关闭时，则原镜头依然存在。即意味着 Vegas 没有插入模式。

Add to Timeline From/Up to Cruser：添加镜头至时间轴从 / 到游标位置。快捷键分别是 A 和 Shift+A。

Fit to Fill：填充匹配，将镜头以变速的方式匹配至时间线。要求素材有出点和入点，并且时间线上也有出点和入点。概念等同于四点编辑中的变速匹配。

Create Subclip...：新建子片段，视频根据当前素材的出点和入点在 Project Media（项目媒体）窗口中新建一个素材视频。

Set In/Out Point：设置入点 / 出点。快捷键分别为 I 和 O。

在使用 Trimmer 窗口进行素材粗编时，可以通过设置出点和入点来挑选素材，也可以通过在 Trimmer 窗口的时间轴上拖动鼠标左键来快速选取一个镜头的出入点。两种方式均可使用，如图 2-84 所示。

在 Trimmer 窗口中，左右箭头键代表着前进或倒退，但不是逐帧跳跃，根据镜头时长，会隔 n 帧甚至 n 秒跳跃。用 Alt+ 左右箭头键，才是逐帧跳跃。

浏览 Trimmer 窗口时还要注意，如果屏幕比较小，它会自动缩减掉一些按钮和导航条。因此需要在如图 2-85 所示位置用鼠标左键向上拖曳，就会出现缩放导航条。

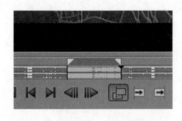

● 图 2-84

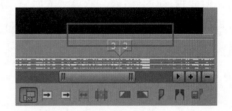

● 图 2-85

Trimmer 窗口右上角有一个 Trimmer On External Monitor ▣ （在外部监视器上修剪）开关，按这个开关，即可让 Trimmer 窗口的内容显示到另外一台显示器上，但前提是计算机上连接了两台显示器。

另外需要注意的是，Vegas 没有插入和覆盖的区别，只有覆盖，或者共存，通过 Enable Timeline Overwrite（激活时间线覆盖）这个按钮控制，这是与其他软件不同的，需要注意。

2.5.4　总结

三个软件的粗编流程、功能、工具、按钮总体而言差距不大，尤其是 Premiere 和 Edius，相似度极高。如果使用诸如 FCP、大洋、索贝等软件，也会发现粗编阶段的功能都大同小异，主要体现在素材浏览的播放控制、出入点的设置、如何将镜头素材从源监视器放置到时间轴上这几个主要方面。因此，只要弄清楚这几个环节，任何软件的粗编都是一样的。

2.6　精　剪

一般来说，精剪将会花去整个剪辑过程最长的时间。在精剪部分，主要操作时间线窗口，对粗编阶段筛选完成的片段进行整理、修剪、调整，直至最终完成全片。

2.6.1 Premiere 中的精剪

Premiere 时间线窗口布局如图 2-86 所示。

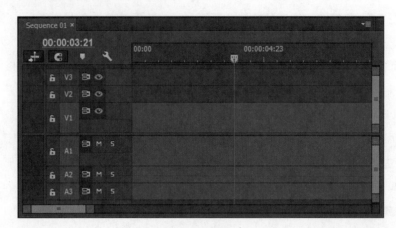

🟡 图   2-86

窗口上方是时间轴,即时间标尺,所显示的时间尺度与素材时间长度相对应。不同的缩放状态下单位不同,最小单位是帧。移动时间轴中的时间扫描线,可以定位到不同的时间点,便于查看和编辑素材。

左侧是轨道头,轨道左边的区域中标记了不同轨道的名称、功能。有轨道可见性开关、同步锁定开关、轨道锁定开关、设置显示样式、显示关键帧等按钮。从 Adobe Premiere CC 开始,轨道头上的按钮、开关均可以通过轨道头空白处右键快捷菜单里的 Customize(自定义)命令进行自定义。

在轨道头处滚动鼠标中间滚轮,可以使轨道变粗或变细。

轨道头最左侧的锁可以锁定该轨道内所有内容,使之不受任何操作影响。

在轨道头 V1、V2 等轨道名处单击,可以将其变为深灰或浅灰。浅灰色意味着该轨道被设置为目标轨道,后续做复制、粘贴等操作时会将素材片段粘贴到目标轨道。目标轨道的优先度是下轨优先于上轨,也就是说,如果 V2、V3 同时设置为浅灰色目标轨道,那么按 Ctrl+V 组合键粘贴的时候,素材剪辑会粘贴到 V2 轨上。

轨道目标设置还影响一个重要的快捷键 Ctrl+K 的功能。菜单中可以看到该快捷的作用是从当前时间指示器位置剪开镜头。只有当前目标的轨道可以用该快捷键剪开镜头。

在轨道头处右击,可弹出右键快捷菜单,如图 2-87 所示。部分菜单命令的作用说明如下。

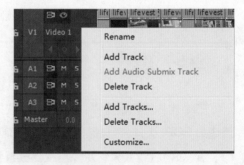

🟡 图   2-87

Rename(重命名):可修改轨道名称。

Add Track(增加轨道):可以在右击的轨道上方添加一条空轨道。

Add Audio Submix Track(增加音频编组轨道):该轨道可以捆绑音轨,为其统一添加音频效果。

Delete Track(删除轨道):删除右击的轨道。

Add Tracks...(添加轨道):弹出"添加轨道"对话框,可以一次性添加多条视音频轨道。

Dlete Tracks...(删除轨道):弹出"删除轨道"对话框,可以一次性删除多条视音频轨道。

Customize...(自定义):改变轨道头的组件及其位置。

Premiere 时间线窗口右侧是轨道区，这是 Premiere 的重要工作区域，可直观显示所选择的素材，在轨道中可以对视频、音频进行剪辑、移动等编辑操作。视频回放时，视频轨道上轨优先于下轨，即当时间扫描线的位置上同时在多轨上有视频的时候，优先播放上轨的画面。音频轨同时放声，无优先级。

窗口底部是缩放导航条，拖动缩放栏的两端可以放大或缩小时间标尺。

窗口中间黄色倒梯形的游标是 Current Time Indicator（当前时间指示器），其下红色的线为时间扫描线。可以在时间标尺上单击，以移动时间指示器，也可以在轨道上拖曳时间扫描线来移动它。

窗口左上方显示时间码，此处时间码对应时间线窗口中时间指示器的位置。同时有别于源监视器的时间码，此处时间码同步于 Program（项目）监视器，即右侧的监视器。

时间码下方有几个开关按钮，较重要的是第二个 Snap（捕捉）开关，默认状况下该开关为开启，如图 2-88 所示。

该开关作用于整个时间轴，当剪辑师拖动剪辑片段（clip）时，靠近其他 clip 或者时间指示器时会出现一条黑色的竖线，鼠标拖动的 clip 会自动匹配至特殊位置，例如前镜头结尾，后镜头开始或者是时间指示器所在位置，以避免当前 clip 覆盖掉之前或者之后的镜头。

时间线窗口上方的时间轴上较重要的功能介绍如下。

（1）通过快捷键 I、O 设置入点出点，配合素材上设置的出点、入点来完成四点编辑、三点编辑等操作，如图 2-89 所示。

三点编辑和四点编辑的概念在对编机中比较实用。

三点编辑是确定源素材窗口中素材的入点、出点，以及在时间轴上确定入点、出点，或四个点中的任意三个，然后单击 Insert 或者 Overlay 按钮，使镜头适配至时间轴上的序列。

四点编辑意味着确定源素材和时间轴上的四个入点、出点，然后单击 Insert 或 Overlay 时，就会弹出 Fit Clip（适配片段）对话框，如图 2-90 所示。

⊕ 图　2-88

⊕ 图　2-89

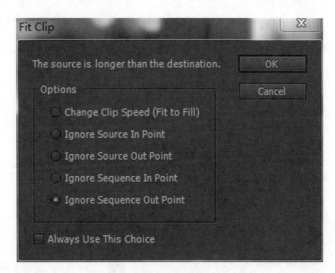

⊕ 图　2-90

Change Clip Speed（Fit to Fill）：改变片段速度。即用源素材的入点、出点去强行匹配时间轴上的入点、出点，从而改变视频片段的播放速度。

Ignore Source In Point：忽略源素材入点。

Ignore Source Out Point：忽略源素材出点。

Ignore Sequence In Point：忽略序列（时间轴）上的入点。

Ignore Sequence Out Point：忽略序列（时间轴）上的出点。

其实，忽略任意一个点，就可以将源素材以正常速率插入或覆盖至时间轴，从而完成片段的编辑。

在非编中忽略入点、出点的意义不大，基本上只要确定源素材的入点和出点，即可将镜头直接拖到时间轴序列上了。

（2）通过设置 Work Area Bar（工作区栏），可控制预渲染区域，如图 2-91 所示。

🕂 图　2-91

其中，绿色代表镜头已经预渲染过，生成了 Premiere 暂存文件并放置在工程文件同目录下的相应文件夹下。渲染是几乎所有后期软件都要接触的一个概念，就 Premiere 而言，渲染意味着基于时间轴创建一个独立的、带有所有特效或切换效果的，并且结果重新编码的视音频文件或者一系列图片。渲染输出意味着最终生成一个全新的文件，而预渲染则是为了一些无法实时预览的特效、高清视频等预先进行临时渲染，以便于在剪辑时能够顺利地播放。

红色代表未经预渲染的素材，有可能是素材文件太大，编码很复杂，或者加了特效和切换效果，导致 Premiere 无法对其进行实时播放，系统推荐进行预渲染。

黄色的视音频是未经预渲染的素材，但是系统判断该素材在全质量播放时很有可能顺利地实时播放。

还有一种标注为灰色，说明该素材的编码方式与 Premiere 内部默认的编码方式相同，该素材默认时可直接实时播放。

（3）在时间标尺中，可通过快捷键"＋"、"－"进行时间轴缩放。最大可以放大至每一刻度代表一帧。

如果时间线窗口上时间标尺或者工作区栏不显示，可以在 Sequence 标签上右击，从弹出的菜单中选择 Time Ruler Numbers 或者 Work Area Bar 来显示它们，如图 2-92 所示。

轨道区是剪辑主要操作的区域，这个区域的主要操作是通过鼠标加上组合键对轨道上的镜头进行调整。这些操作都要通过工具栏实现，如图 2-93 所示。

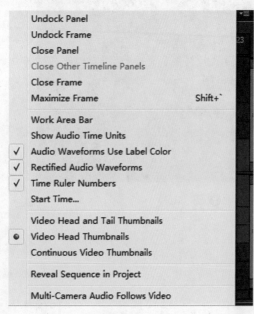

🕂 图　2-92

🕂 图　2-93

工具栏中的工具依次如下。（☆星级代表该工具的重要性与使用频率）

☆☆☆☆ Selection Tool（选择工具）：快捷键为 V，是最常用的工具，常规功能是移动素材以及控制素材的长度。

配合 Ctrl 键，用选择工具可以将默认的 Overlay 模式改为 Insert 模式。如果想在已剪辑好的片段中插入素材，一般的做法是移动其他素材调出空位，或者先调入源素材，再用上面的插入功能。按下 Ctrl 键并使用选择工具可以拖曳素材，到预定位置松开鼠标后，素材就能方便地插入了。

另外需要注意的是，将鼠标放置于片段开头或结尾处，鼠标形状会变为红色箭头加中括号，功能是改变素材片段的入点或者出点。此时按下 Ctrl 键，该图标会变黄，此时改变出入点，可以保持镜头序列没有空隙出现，右侧镜头会自动向前填补空白区域。该功能等同于 Ripple Edit Tool（波纹编辑工具）。

如果鼠标放置于两个片段之间，默认情况下没有任何变化出现。此时按住 Ctrl 键可以使鼠标变化为 Rolling Edit Tool（滚动编辑工具），可以在保持相邻的两个素材片段总长度不变的情况下，改变剪切点的位置为向左或向右。

配合 Shift 键，可以添加或删除片段到当前选择集中。

配合 Alt 键并使用选择工具，可以忽略 Group（编组）和 Link（链接）而单独选择视频或者音频片段。

☆☆ Track Select Tool（轨道选择工具）：快捷键为 A；鼠标指针变为双黑色平行箭头，选择目标右侧所有轨道的素材后，可以通过拖曳来整体移动素材，比"框选"更方便。

配合 Shift 键的使用，鼠标指针变为单黑色向右箭头，可以选择或移动目标右侧某一轨道的素材。

注意，Premiere CC 中与之前版本正好相反，旧版本默认是单箭头，按下 Shift 键后变为双箭头。

☆☆ Ripple Edit Tool（波纹编辑工具）：快捷键为 B。可在已剪辑好的时间线上改变某个素材的长度。如果要让镜头变长，要用移动工具先将后面的镜头挪开，腾出空位才能实现波纹的编辑。用波纹编辑工具随意改变某素材片段出入点时，右侧的素材会自动向左或向右移动以适应该片段长度的变化。

☆☆ Rolling Edit Tool（滚动编辑工具）：快捷键为 N。用于控制相邻的两个素材片段剪切点的位置。前镜头变短则后镜头自动延长，前镜头延长则后镜头自动缩短，但始终保持它们的总长度不变，适合精细调整剪切点。

☆☆☆ Rate Stretch Tool（速率拉伸工具）：快捷键为 X。这个工具可以任意改变素材的播放速率，并直观地显示为素材长度的改变。在需要用素材撑满不等长的空隙时，如果调节速率百分比是非常困难的，运用这个工具就变得十分方便，直接拖曳改变长度就可以了，素材的速率就相应地发生改变。

☆☆☆☆ Razor Tool（剃刀工具）：快捷键为 C。非常常用的工具，单击轨道上的素材，则该素材会在单击处被截断。

配合 Shift 键，可以作用在时间线上的所有素材。配合 Alt 键，可以忽略链接而单独裁剪视频或音频，在需要替换部分视频或音频时，可以省略解开链接的步骤。

☆ Slip Tool（滑动编辑工具）：快捷键为 Y。可改变素材出点及入点的位置，不改变其在轨道中的位置、长度，这是一种非常实用的功能，相当于重新定义出点、入点。

☆ Slide Tool（滑移编辑工具）：快捷键为 U。与移动编辑工具类似，不过这个工具改变的是目标前后素材的长度，而目标及其素材的总长度不变。

☆ Pen Tool（钢笔工具）：快捷键为 P。比较有用的工具，可以在时间线上对关键帧进行操作，有很直观的效果。

另外，在字幕编辑器里可以制作遮罩和字幕沿路径分布的效果，具体用法同 Photoshop 中一样。

Hand Tool（手抓平移工具）：快捷键为 H。用于拖曳、移动时间线，和鼠标滚轮的作用相同，操作感受略有区别，使用情况视个人喜好及具体情况而定，适用于没有滚轮鼠标、手写笔等外置设备时。

Zoom Tool（放缩工具）：快捷键为 Z。使用该工具在时间线中单击,时间标尺将放大并扩展视图。按 Alt 键的同时在时间线中单击,时间标尺将缩小并缩小视图。缩放中心为单击点。

时间线面板上有缩放比例条,以时间扫描线所在处作为缩放中心。用快捷键"+"、"−"也能以时间扫描线为中心进行缩放。此外,按 Alt 键并滚动鼠标滑轮,也可以进行缩放,并以鼠标位置点为缩放中心。这是一个很实用的小技巧。

注意:不同版本的 Premiere 的快捷键会有差别,CC 与 CS 6、CS 5 版本基本是一致的,只有速率拉伸工具在 CS 6、CS 5 版本中是 X,而在 CC 版本中是 R。

针对这些工具,Premiere 采用组合键的方式来适应其功能的变化。相对而言,使用 Shift+ 工具,就会产生多重选择的效果;使用 Alt+ 工具,就会产生视音频分离的效果;使用 Ctrl+ 工具,可以产生波纹编辑的效果。

练习 3:打开配套资源→案例→ 03 → 03_cc.prproj 文件,练习工具的各种使用方法。

Step 1:单击 Selection Tool（选择工具）,单击 Sequence 01 中的第一个 clip（片段）,简称为 clip1,第二个 clip 即为 clip2,以此类推。单击 clip1 中部,将其拖动至片尾空白处。用"+"、"−"键调整时间轴上的时间标尺大小,直至合适。

Step 2:用鼠标左键在空白处拖曳出线框。再框选四个素材,左键拖曳四个选中素材至时间轴开头,如图 2-94 所示。

Step 3:鼠标指针移动至片尾处,恰好停在 clip4 的出点位置,此时鼠标指针会变为红色红括号加向左箭头。可向右拖曳 clip4 的出点,使镜头总时长延长（或缩短）,速度不变。此方法同样适用于改变镜头入点位置,如图 2-95 所示。

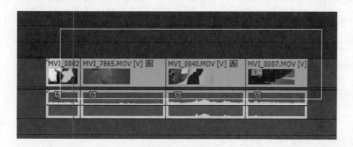

⊕ 图 2-94

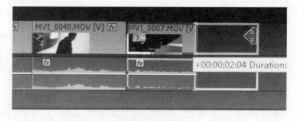

⊕ 图 2-95

Step 4:按住 Alt 键,在 A1 轨道上框选所有音频,按 Del 键将其删除;按住 Shift 键,单击多个 clip,可以从当前选择集中添加或者删除所单击的 clip;按住 Ctrl 键,单击并拖曳 clip3 到 clip2 之前的位置,释放鼠标后,效果如图 2-96 所示。与普通拖曳效果不同的是,窗口中会多出一条带有很多三角形的虚线,clip3 会替代原来 clip2 的位置,而 clip2 会被向后挤。

Ctrl 键与移动工具组合完成的功能在非编中称为波纹编辑模式。波纹编辑意味着移动 clip 或者改变素材 clip 长度时,其右侧的其他素材会做出相应的移动,像波浪一样,跟上来或者退回去。例如,在上文的 Step 3 中,当鼠标指针变成红色箭头加中括号时,如果按住 Ctrl 键,可看到鼠标指针会变成黄色箭头加中括号,此时意味着进入波纹编辑模式,无论缩短还是延长 clip,均可发现后续的 clip 都会跟随移动。

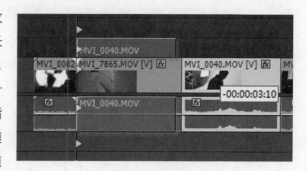

⊕ 图 2-96

Step 5：单击 Track Select Tool（轨道选择工具），在左侧任意轨道处单击，即可全选鼠标右侧所有轨道镜头。按住 Shift 键单击，可选择某一轨道。前文已描述过，CC 与 CS 6 及其之前版本的不同之处在于 Shift 键的功能正好相反。

Step 6：单击 Rolling Edit Tool（滚动编辑工具），该工具可以用波纹方式编辑 clip 的出入点，效果等同于 Ctrl 加选择工具来改变 clip 的出入点，默认时鼠标指针图标为黄色箭头加中括号。

Step 7：单击 Ripple Edit Tool（波纹编辑工具）。将鼠标移动至 clip1 和 clip2 之间并拖曳，可以同时改变 clip1 的出点与 clip2 的入点位置，但是 clip1 加 clip2 的总时长不变。

Step 8：单击 Rate Stretch Tool（速率拉伸工具），将鼠标移动至最后一个镜头的末尾，将其拉长，现在播放可看到慢镜头效果。再将其缩短，播放可以看到快进效果。

Step 9：重新选择选择工具，拖动 clip2 到 clip1 上方的 V2 或 V3 轨上。单击 Razor Tool（剃刀工具），在 clip1 中间任意位置单击，即可切开镜头。按住 Alt 键可以单独切开视频或者音频；配合 Ctrl 键则可以一次性切开同位置的所有视频片段。

Step 10：重新选择选择工具，将 clip2 拖曳回原位置。单击 Slip Tool（滑动编辑工具），选择 clip3，前后拖动。如图 2-97 所示，Premiereogram 监视器会变成四个画面。左上角是前一个 clip 的结尾，右上角是后一个 clip 的开头，左下与右下分别是当前 clip 滑动编辑以后的新入点与出点。滑动编辑工具的作用是保持 clip 总时长不变，同时向左或向右改变镜头片段的出入点。

Step 11：单击 Slide Tool，拖动 clip3 进行前后移动，可以看到 clip2 和 clip4 的长度随着 clip3 的移动而变化，clip3 本身的长度不变。

Step 12：重新选择选择工具，移动至轨道头位置，将 V1 轨道拉宽，在任意 clip 视频位置右击从弹出菜单中选择 Show Clip Keyframes → Opacity 命令，显示出透明度曲线。选择 Pen Tool（钢笔工具），可以在透明度曲线上随意单击，添加关键帧。按住 Ctrl 键单击，还可以将默认关键帧变为曲线关键帧。曲线关键帧侧面会多出一个调节手柄，可以拖动调节手柄将直线的透明度动画变为曲线动画，如图 2-98 所示。

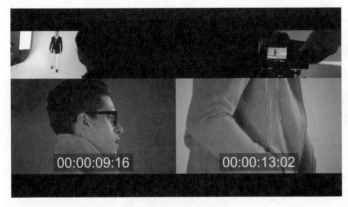

⊕ 图 2-97

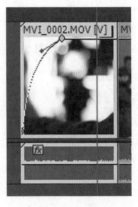

⊕ 图 2-98

手抓平移工具和放大镜工具大家可以自己尝试一下，功能非常简单。

注意：工具栏中的工具只在时间线窗口中起作用，一旦鼠标离开时间线窗口，鼠标即恢复原来功能。

练习 4：打开配套资源→案例→ 04 → 04_cc.prproj 文件，其中包含已经建立好的序列、视频素材和音频素材。

Step 1：在 Project（项目）素材窗口空白处双击，导入配套资源→案例 04 素材目录下所有的文件素材。

Step 2：在 Project 窗口空白处右击，选择 New Bin（新建文件夹）命令，新建文件夹并改名为 Video1。再建一个名为 Audio1 的文件夹，将素材分类存放好，如图 2-99 所示。

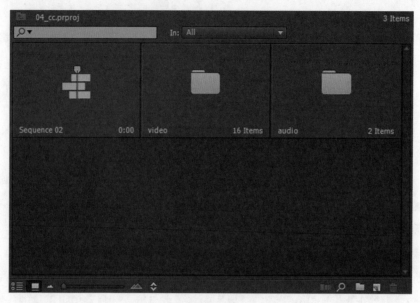

☯ 图 2-99

然后就可以开始浏览素材，并将素材拖入时间线窗口，进行剪辑练习。练习过程中可以多尝试使用各种工具，熟练各种工具的用法。尽量多使用快捷键，尤其常用的 C、V 等快捷键。使用快捷键可以大幅提升剪辑效率，对今后工作很有益处。

精剪时除了用到工具栏之外，还会涉及很多其他功能，部分功能可通过右键快捷菜单完成。在时间线上，clip 的右键菜单如图 2-100 所示。

Cut（剪切）：剪切轨道中所选择的素材。

Copy（复制）：复制轨道中所选择的素材。

Paste Attributes...（粘贴属性）：只粘贴所复制素材的属性（调整的参数）。

Clear（清除）：从轨道中清除所选中的素材。

Ripple Delete（波纹删除）：删除轨道中所选中的素材。与清除命令不同的是，删除素材的同时，会删除素材所占的轨道空间，使后面的素材移到前面。

Replace With Clip（替代片段）：用其他素材替换掉所选中的素材。

Enable（启用）：使所选取的素材生效。

Unlink（链接／解锁）：链接所选中的视频和音频，或解锁视频和音频的链接。

Group（成组）：对选取的两个以上的素材进行编组。

Ungroup（解组）：解除编组。

Synchronize（同步）：选择对应轨道的视频和音频，使其起始点或结束点对齐（视频轨道 1 对应音频轨道 1）。

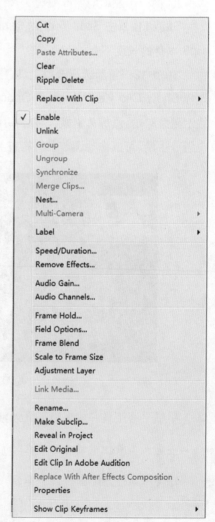

☯ 图 2-100

Merge Clips...（融合片段）：将视频和音频链接起来，可以选择链接点。

Nest...（嵌套）：将轨道中所选中的素材嵌套成新的序列。

Multi-Camera（多机位）：对同步录制多机位的多个素材进行同时编辑，用鼠标即可做到相互切换，模拟现场直播导播台现场切换的效果。

Label（标签）：将素材标记成其他颜色。

Speed/Duration...（速度 / 持续时间）：调整素材的持续时间、播放速度，也可以是素材倒放。

Remove Effects...（去除特效）：移除对素材的调整效果。

Audio Gain...（音频增益）：调整音频增益。

Audio Channels...（音频通道）：设置音频通道。

Frame Hold...（定格）：使所选素材从入点或出点或标记点定格。

Field Options...（场选项）：调整视频素材的场序及其他场选项。

Frame Blend（帧融合）：视频播放速率改变之后，每一帧所占时长会有改变，播放效果会有偏差，该选项可以使帧之间有机地融合。

Scale to Frame Size（缩放至画框大小）：将视频素材放大或缩小以适应当前画框。

Adjustment Layer（调节层）：将素材改为调节层，施加于该层的效果将会影响到该层所在轨道以下对应时间段内的所有层。

Link Media...（链接媒体）：当软件无法找到硬盘中的素材时，项目窗口中的素材会显示为离线文件，用 Link Media 可以从硬盘中重新链接素材的位置。

Rename...（重命名）：重命名素材。

Make Subclip（成为子片段素材）：使所选中素材成为新的项目并显示在项目窗口中。

Reveal in Project（在项目窗口中显示）：在项目窗口中显示源素材，以方便查找。

Edit Original（播放原始文件）：播放所选素材的原始文件。

Edit Clip In Adobe Audition（在 Adobe Audition 中编辑片段）：在 Adobe Audition 中编辑所选中的音频片段。

Replace With After Effects Composition（以 After Effects（AE）合成替代片段）：将当前所选中素材片段导入 After Effects 中进行编辑，并以 AE 合成序列替换所选片段。在 AE 中对素材片段的调整将会在 Premiere 中实时显示，这是 Premiere 相对于其他剪辑软件的一项非常具有优势而且强大实用的功能。

Properties（属性）：查看素材属性。

Show Clip Keyframes（显示片段中的关键帧）：显示所选中的素材中的关键帧，可以选择显示不同的关键帧。

练习 5：打开配套资源→案例→ 05 → 05_cc.prproj，练习右键菜单的功能。

Step 1：浏览一遍 Sequence 01。选择 clip1，从右键菜单中选择 Copy 命令或按 Ctrl+C 组合键，即可复制 clip1。

Step 2：将时间指示器拖动到全片的末尾，按 Ctrl+V 组合键，在 V1 和 A1 轨上粘贴 clip1。

Step 3：在轨道头 V1 处单击，直到其变成深灰色；在 V2 处单击，直到其变成浅灰色。浅灰色意味着该轨道被标记为目标轨道。以同样方法操作 A1 和 A2，令 A2 被标记而取消 A1 标记，如图 2-101 所示。

Step 4：将时间扫描线移动到任意位置，按 Ctrl+V 组合键，即可看到 V2 和 A2 轨道上粘贴了 clip1，如图 2-102 所示。

Step 5：在 V2 轨的 clip1 上从右键菜单中选择 Clear（清除）命令，即可删除该 clip。

⊕ 图 2-101

⊕ 图 2-102

Step 6：单击 V1 轨的 clip2，右键菜单中选择 Ripple Delete（波纹删除）命令，删除掉 clip2。但是与按 Del 键或 Backspace 键删除片段不同，clip3 之后的所有镜头都向前移动，填补了 clip2 被删除的空间。

完成后，按 Ctrl+Z 组合键，撤销刚才的波纹删除操作。

Step 7：单击 V1 轨 clip3，即图 2-102 中小男孩的镜头，从右键菜单中选择 Enable（启用）命令，取消选项的选择状态。再把时间扫描线拖动至 clip3 处，观察项目监视器，会发现镜头一片漆黑。再次从右键菜单中选择 Enable 命令，即可在项目监视器中看到画面。其效果与轨道头的"眼睛"按钮效果类似，区别在于该命令针对某一个片段起作用，而轨道头的可见按钮对整个轨道起作用。

Step 8：任意选择一个片段，从右键菜单中选择 Unlink 命令，再单击时发现，只能单独选中视频或者音频。该命令解除了视音频的链接关系。

按住 Shift 键，单击视频和音频片段，同时选中它们，再从右键菜单中选择 Link 命令，即可重新链接视音频片段。

Step 9：任意框选几个片段，从右键菜单中选择 Nest 命令，弹出一个对话框，输入名称，单击 OK 按钮，即可将框选的几个片段打包成一个序列，并且新的序列以 Nested Sequence 01 的序列名在 Project 窗口出现，如图 2-103 所示。而原序列中的镜头会以绿色方块代表序列已经替换。

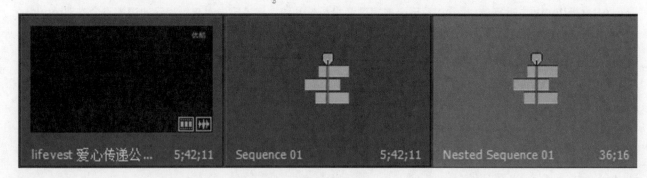

⊕ 图 2-103

Step 10：框选另外几个片段，从右键菜单中选择 Group 命令，显示上没有任何变化，但是单击即发现几个片段被打包成组，无论是移动或是进行别的操作，成组的片段均一起操作。单击选中该组，从右键菜单中选择 Ungroup 命令即可解组。

Step 11：连续按 3 次 Ctrl+Z 组合键，退回到 Step 9 之前的状态。

Step 12：任意选中一个片段，从右键菜单中选择 Speed Duration 命令并弹出对话框，在 Speed（速度）

100 处输入 300,单击 OK 按钮,即可看到所选片段变成原来的 1/3 的长度,播放时其速度加快三倍,如图 2-104 所示。

再选择另一个片段,重复上述操作,将其速度值改为 20,播放时会发现出现了慢镜头,如图 2-105 所示。

✪ 图 2-104

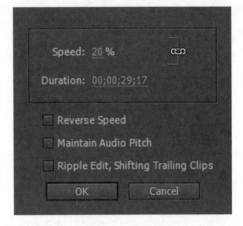

✪ 图 2-105

再选择另一个片段,重复上述操作,不改变其速度值,在对话框下方选择 Reverse Speed(翻转速度),播放时会发现镜头在倒放。

Step 13:单击任一片段,从右键菜单中选择 Frame Hold(帧保持)命令,即画面定格,弹出一个对话框,如图 2-106 所示。选中 Hold On 选项,即表示产生定格效果。从下拉菜单中看到的默认值为 In Point,表示定格在入点画面;如果选择 Out Point,就定格在出点画面;选择 Marker 0,就定格在 Marker 0 标记点处。

Step 14:单击任一片段,按 Backspace 或 Del 键将其删除。在留下的空白处单击,可以选中空白位置,按 Backspace 或 Del 键可删除该空白,右侧的片段都会向前移动来填充空隙。另一种方式是在留下的空白位置右击,从右键菜单中选择 Ripple Delete 命令,即可删除空隙,效果与上种方法相同,如图 2-107 所示。

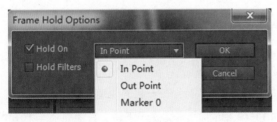

✪ 图 2-106

✪ 图 2-107

2.6.2 Edius 中的精剪

Edius 的时间线窗口与 Premiere 也比较接近,也分为时间轴区、轨道头区、轨道区以及缩放导航条区,如图 2-108 所示。

提示:新建一个工程,打开案例中的 05.ezp 作为示例。

1. 四个按钮

左上角四个按钮分别介绍如下。

✪ 图 2-108

（1）切换插入 / 覆盖模式：插入 / 覆盖模式是 Edius 的特有功能。该按钮与 Premiere 和 Vegas 中相近功能不同的地方在于，Premiere 中的插入和覆盖是将镜头放置到时间线上的两个按钮，放置效果不同。而 Vegas 与该功能相类似的 Enable Timeline Overwrite（激活时间线覆盖）按钮，只确定覆盖还是重叠到原素材上。Edius 的插入 / 覆盖模式则控制时间线窗口中拖曳视频片段对其他镜头的影响。如果用覆盖模式，则与 Premiere 相同，视频片段拖到有其他视频素材的地方时会直接覆盖原有内容。如果使用插入模式，则与 Premiere 中的 Ctrl 键加选择工具的效果类似，视频片段拖动到有其他视频素材的位置时会强行插入时间线中，并将其他素材向右挤开。

（2）设置波纹模式：波纹模式下移动、拖曳可改变素材片段出入点，会影响后续所有镜头的前移或后退。关闭开关后功能与 Premiere 一致。该开关与第一个切换插入 / 覆盖模式开关形成组合开关。

① 当插入 / 覆盖开关处在插入模式下时，打开波纹模式，无论是从源监视器拖动鼠标选择的镜头，还是在轨道上拖动任意素材片段，所有轨道上的所有镜头都会为被拖动的镜头让出空位，如图 2-109 所示。

该情况下如果删除一个镜头，后续的镜头都会自动向前移动来填充空隙。

② 当插入 / 覆盖开关处在插入模式下时，关闭波纹模式，无论从源监视器拖动素材还是从时间线上拖动素材，如果要放置素材的位置有素材片段，就会把该轨道上的视频从当前位置切开并推后。与前一种情况不同的是，该操作只影响一个轨道，不会涉及其他轨道。

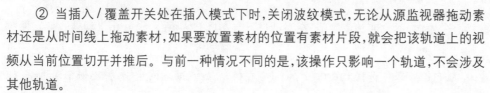
✦ 图 2-109

③ 当插入 / 覆盖开关处在插入模式下时，无论打开或关闭波纹模式，对素材拉伸或者添加等操作均无影响，始终保持覆盖状态。

Edius 6.5 的波纹编辑模式与之前版本略有不同，因此请注意以上三种情况的区分。

（3）组 / 链接模式：该开关控制成组后的组内容是否能单独操作。该开关打开时，成组的镜头以组模式进行移动等操作，关闭该开关，可以单独对组内的镜头片段进行操作，操作完成后再打开该模式，并重新回到组模式。

（4）吸附到事件：操作素材时自动贴近前后镜头或者贴到时间扫描线上。

2. 轨道头

左边是轨道头。Edius 有特色的轨道是 VA 轨，即视频音频都混合在一起的轨道。还有一个轨道是 T 轨，即字幕轨，优先于所有视频轨。而视频轨的优先度与 Premiere 相同，上轨优先于下轨。其他轨道与 Premiere 一样，如图 2-110 所示。

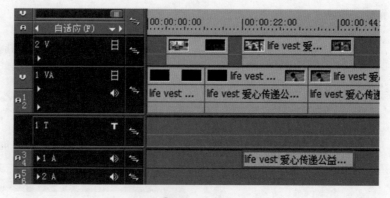
✦ 图 2-110

黄色代表视频,绿色代表音频,白色代表放置特效板的位置。

轨道头最左侧同样是目标设置,与 Premiere 不同的是, Edius 只有一个开关控制目标轨道,拖动 V 或者 A12 方块到要操作的轨道上,即可标记目标轨道。之后所有移动、粘贴、放置素材等操作都会自动添加到目标轨道中,如图 2-111 所示。

另外,轨道头上的小三角都可以打开,会显示更多细节内容。图 2-111 中右侧的电影胶片图标和喇叭图标则用于控制该轨道是否可见 / 是否静音。功能与 Premiere 基本一致。

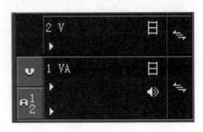

✆ 图　2-111

3. 快捷键

Edius 没有像 Premiere 一样的工具栏。时间线窗口上方的工具栏都是用来进行保存、复制、粘贴等基本操作的,如图 2-112 所示。

✆ 图　2-112

在没有工具栏的情况下,对于时间线窗口中素材的操作就完全依靠快捷键和鼠标配合来完成了。

默认情况下, Edius 时间线窗口中鼠标就是选择工具。单击某个素材片段的前端或末尾,就会出现黄色小方块,此时双击, Edius 会自动进入修剪模式 (快捷键为 F6),修剪模式下,可以在监视器上左右移动,仔细调整镜头起始帧或者结尾帧的位置。然后可以从主菜单中选择“模式”→“常规模式”命令 (快捷键 F5),切换回正常剪辑状态。

按住 Ctrl+ 鼠标左键拖动素材,可以变成插入状态,可将素材插入某个镜头中间。

鼠标指针放置到两个镜头之间时,单击就会出现绿色和黄色的小方块,鼠标会自动变成波纹编辑工具,可以改变两个镜头之间剪切点的位置,如图 2-113 所示。

此时按住 Alt 键可以将视频、音频分开调整,如图 2-114 所示。

✆ 图　2-113　　　　　　　✆ 图　2-114

按住 Shift 键并单击,可进行多选。

按住 Shift+Alt+ 鼠标左键,可以变为滑动编辑工具,将三个连续镜头中间的一个前后移动,不影响总长度。

按住 Ctrl+Alt+ 鼠标左键,可以变为滑移编辑工具,将镜头的出入点同时前移或后退。

另外,一个最重要的功能就是剪切素材片段。在 Premiere 中,可以使用剃刀工具剪开片段。但是 Edius 中并没有这个工具。Edius 为剪辑师提供了一个“添加剪切点”的按钮 。该按钮无法在时间线上单击。移动时间扫描线。再按快捷键 C 或者单击该按钮,即可切开素材片段。配合 Shift 键可以切开时间扫描线位置的所有素材片段。

4. 快捷菜单

Edius 时间线窗口的右键快捷菜单如图 2-115 所示。

其中大部分功能与 Premiere 的右键快捷菜单都类似。例如"连接 / 组"命令与 Premiere 的 Group 命令一致,"启用 / 禁止"命令与 Premiere 的 Enable(启用)命令一致,"持续时间"命令与 Premiere 的 Speed/Duration 命令一致,"波纹删除"命令与 Premiere 的 Ripple Delete(波纹删除)命令作用完全一样,此处不再详解。

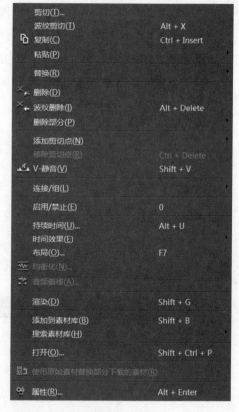

2.6.3 Vegas 中的精剪

Vegas 的时间线窗口与其他软件中的不同。

将素材从 Explorer(浏览器)或者 Project Media(项目媒体)窗口拖至时间线上,自动生成两个轨道;一个视频轨,一个音频轨。如果继续拖入媒体素材,可以放置到同一轨道上,也可向下放置,还会自动继续生成第三、第四轨道等,如图 2-116 所示。

轨道头区有一系列按钮,其作用如下。

最大化 / 最小化按钮:可将轨道头区最大化或最小化。

轨道头编号:对轨道头进行编号。

Bypass Motion Blur:忽略运动模糊。

Track Motion:轨道运动。单击该按钮可以打开运动控制面板,

☝ 图 2-115

类似于 Premiere 的 Effect controls(特效控制)面板下的 Motion(运动)控制功能。这个按钮可以控制整个轨道中所有镜头的关键帧动画。

☝ 图 2-116

Track FX:轨道特效,单击该按钮可以添加特效,该效果将影响整条轨道。

Automation:自动动画,打开后会在轨道头中激活一个 Fade 开关,可以调节轨道上的素材的变黑或变白,如图 2-117 所示。

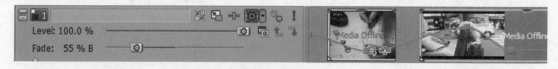

☝ 图 2-117

在 Level 下方有一个 Fade 调节控件。并且右边轨道上有一个粉红色线条,该线条可以拖动,双击即可添加一个控制点。将控制点或线向上则镜头变白,向下则镜头变黑。

Mute:静音,单击即可关闭该轨道。

Solo:独奏,只有该轨道可见或发声。

Level:电平,调节该轨道的透明度。

如果是音频轨道,则 Level 调节滑块会变为 Vol(Volume,音量)和 Pan(相位)调节滑块。

Compositing Mode:合成模式。该按钮下拉菜单下有十多种不同的合成模式。与 Photoshop 以及 AE 等软件中的混合模式相同,该功能控制当前素材与下面轨道中的素材以何种方式进行混合显示。

尝试各种不同的混合模式以获得不同的效果。其中几种比较重要的混合模式有 ADD(加法叠加)、Multiple(乘法叠加)、Screen(屏幕投影)、Overlay(覆盖)等。

Vegas 的当前轨道设置比另外两个软件都要简单。直接单击轨道头,即可激活当前轨道,则其他操作大都会针对当前轨道进行。

另外,在轨道头处右击,可弹出右键菜单(在视频轨道或音频轨道右击,会获得不同的右键菜单),如图 2-118 所示。

图　2-118

部分命令与轨道头按钮的功能相同或相关,举例如下。

Switches(开关):其下有 Mute 和 Solo 两个命令,与轨道头同名按钮功能一致。

Fade Colors(淡出色彩):其下可控制顶部和底部的色彩,供 Automation(自动动画)调节画面并与色彩混合。

还有一部分命令与 Premiere 的轨道头右键菜单命令相同或相似。

Rename:重命名。

Duplicate Track:复制轨道。

Delete Track:删除轨道。

其他命令则是实现 Vegas 的其他功能,比如。

Insert/Remove Envelope:加入 / 删除控制线。

Track Group:对轨道进行成组操作。

Track Display Color：轨道头显示颜色设置。

下面来看一下时间轴区。

与其他非编软件相同，时间轴区上方是时间标尺，下方则是缩放导航条，中间是媒体素材片段。最下方还有一排播放控制按钮。Vegas顶部没有类似Premiere中的Work Area这样的设置，取而代之的是直接用出入点（两个黄色的小三角）设置，渲染时可直接选择渲染选定区域，如图2-119所示。

图　2-119

Vegas与Edius一样，没有Premiere中的十余种剪辑操作工具。它默认的工具也是选择工具。

按下Shift+鼠标左键，调节素材片段的出入点时可以单独调整视频或音频，即无视视音频同步锁。另外可以在时间轴上拖曳，可以出现类似于框选的效果，即将鼠标经过的素材片段都选中。

按下Ctrl键并单击，可以选择多个素材。拖动素材片段，可以直接复制出相同的片段。

按下Alt+鼠标左键，选择工具变为滑移工具，同步改变素材片段的入点和出点，但保持其时长不变。

按下Ctrl+Alt+鼠标左键，选择工具变为滑移工具的同时，会让素材片段不仅改变了入点和出点，还会在时间轴上前后移动。这个工具比较特别，可以尝试使用来加深印象。

与另外两个软件不同的是，Vegas没有插入/覆盖切换的模式，因为Vegas的时间轴没有插入的概念，只有覆盖和共存。

如图2-120所示，图中两个片段，一个较短，一个较长，长片段在界面上似乎完全覆盖住了短片段，但是实际上短片段仍然可以被选中，然后将其拖到其他位置上。Vegas不会轻易覆盖掉其他视频素材。对于初学者来说，无疑极大降低了误操作的风险。

另外，在软件最上方主菜单下有一排为主工具栏，如图2-121所示。下面简单介绍其中比较重要的几个按钮。

图　2-120

图　2-121

Enable snapping（开启吸附）：自动吸附功能，与 Premiere 和 Edius 中类似按钮作用相同。

Automatic Crossfades（自动交叉淡出）：Vegas 特有的功能，时间线上如果两段素材前后交叉，Vegas 会自动淡出过渡。

Auto Ripple（自动波纹）：从下拉菜单中可以选择波纹模式，对轨道、特效以及选区等起作用。打开该开关之后，时间轴上的操作即可实现后续镜头自动跟进的波纹式作业。与 Edius 中的功能比较接近。

Lock Envelopes to Events（将尺度调节线锁定至素材片段上）：该按钮打开时，会将尺度调节曲线锁定在素材片段中，移动素材或别的选项时，可以带着调节线的动作一起移动。

Ignore Event Grouping（忽视成组素材）：无视成组镜头，直接选择组内素材片段进行操作。

Normal Edit Tool（正常编辑工具）：类似于 Premiere 和 Edius 的选择工具。

Evenlope Edit Tool（尺度编辑工具）：可以切换到编辑尺度调节线的模式，Vegas 中一个素材片段可以有多条不同参数的调节线。该工作模式下，可以完成在调节线上添加 / 修改 / 删除控制点，以及修改参数等操作。

Selection Edit Tool（选择编辑工具）：Vegas 在正常使用编辑工具时是无法框选素材的，只能通过配合 Shift 键或 Ctrl 键进行多重选择。

注意：Vegas 中没有剪切工具。Edius 提供了一个按钮用于"添加剪切点"；Vegas 中连按钮都省略了，直接在菜单中安排了一个 Split（裁切）命令，快捷键为 S。效果与 Premiere 的 Ctrl+K、Edius 的 C 快捷键相类似，均用于从当前位置切开素材片段。但 Vegas 的 S 功能更多样。不但可以切开时间扫描线位置上的素材片段，还可以通过框选或者多选，选择几个素材片段来同时切开。如果在时间线上的空白轨道处拖曳，可以设置出入点（两个黄色小三角形），或者在时间标尺上方拖曳也可以，然后按 S 快捷键，可以同时在出入点处切开，并将出入点之间的镜头独立出来。

在时间线上进行操作时，滚动鼠标中间的滚轮，可以放大 / 缩小轨道，免去了类似于 Premiere 中的"＋"、"－"快捷键的操作。在时间标尺上拖曳，可以将时间线窗口向前或向后翻滚。这些操作都是方便而实用的。

Vegas 的右键菜单如图 2-122 所示。

其中 Cut（剪切）、Copy（复制）、Paste Event Attributes（粘贴片段属性）、Group（组操作）等是几个软件中都有的。

比较常用的如 Open in Trimmer（在修剪器窗口中打开）、Media FX...（添加特效）、Trim Start（修剪入点）、Trim End（修剪出点）、Split（裁切）、Reverse（倒放）等，看命令名字很容易就能知道其功能。

再有比较重要的如 Insert/Remove Envelope（添加 / 删除尺度调节线）命令，可以在素材片段上添加需要的控制调节线。再如 Select Events to End（选择片段到结尾），类似于 Premiere 的轨道选择工具，意为从当前右键菜单弹出的素材片段开始计算，向右直到轨道结尾的所有素材均被选中。如果用 Ctrl + 鼠标左键选中了多个轨道上的素材片段，再使用 Select Events to End 命令，即可完成多轨选择直到结尾的功能。

练习 5（续）：打开配套案例 5.veg，练习精剪操作和右键菜单功能。流程基本与 Premiere 一致。

熟练了工具栏与右键菜单的使用方法之后，精剪阶段的学习基本也可告一段落。

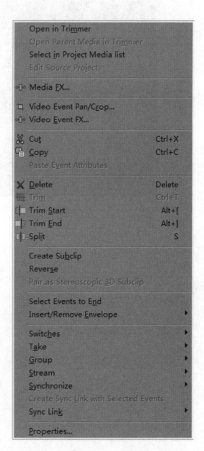

◆ 图　2-122

2.7　切换与动画

镜头间的切换、特效和动画的调节对于不同的非编软件来说,可能是差别最大的部分。这个差别不是动画或者特效的效果,而是操作和调整的方式。虽然都是通过关键帧动画的方式来进行制作,但是不同软件的操作方式差异还是比较大。因此必须严格建立关键帧设置的概念,无论如何调整动画制作特效,只要找到如何记录关键帧的按钮或工具,问题就能迎刃而解。

2.7.1　Premiere 中的切换与动画

剪辑过程中,两个镜头间最常用的连接手段就是硬切。此外,较常见的切换手法有淡入淡出、叠化、闪白等。

练习 6:打开案例→ 06 → cross dissolve.prproj,可见时间线窗口有两个标签,一为设置效果后;二为素材,单击素材序列标签,可以学习淡入淡出、叠化、闪白等转场手法的制作,如图 2-123 所示。

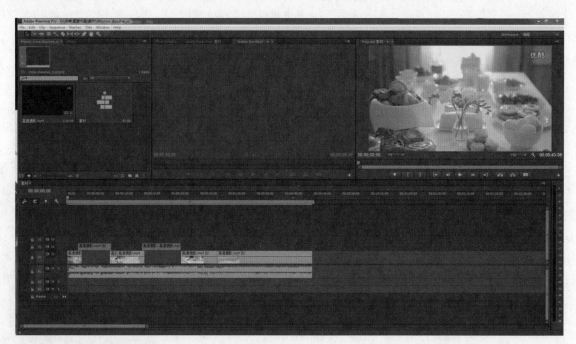

✿ 图　2-123

(1) 淡入效果的制作

Step 1:将鼠标移动至轨道头 V1 与 V2 之间,向上拖曳,将 V1 轨道拉高,显示出其隐藏的按钮。同样操作应用于 V2 与 V3 之间,将 V2 轨道拉高,如图 2-124 所示。

提示:Premiere CS 6 之前版本中只需要单击 Video1 前的小三角,即可显示出隐藏的按钮。

Step 2:将红色时间扫描线拖动到第 1 个剪辑开头处。单击第 1 个剪辑,此时关键帧按钮 将被激活。单击关键帧按钮,在第 1 个剪辑开头处创建第一个关键帧,如图 2-125 所示。

Step 3:将时间扫描线向后拖动一小段距离,再次单击关键帧按钮,创建第二个关键帧按钮,然后将第一个关键帧向下拖曳到底,如图 2-126 所示。

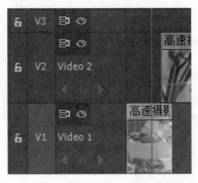

图　2-125

图　2-124

图　2-126

此时将时间扫描线拉回左侧起始位置，按空格键开始播放视频，可完成淡入效果。

（2）叠化效果的制作

Step 1：将红色时间扫描线拖动到第 2 个剪辑开头处，创建关键帧，并将其向下拖曳到底部。

Step 2：将红色时间扫描线拖动到第 1 个剪辑结尾处，单击第 2 个剪辑，创建关键帧。播放视频，即完成叠化效果的制作，如图 2-127 所示。

（3）闪白的制作

Step 1：在项目窗口空白处右击，从快捷菜单中选择 New Item → Color Matte，弹出 New Color Matte 对话框，单击 OK 按钮，弹出 Color Picker 对话框，选择白色，单击 OK 按钮，弹出 Choose Name 对话框，输入文件名，单击 OK 按钮。

Step 2：将新建好的白色色彩遮罩拖动到 V3 轨道上第 5 个和第 6 个剪辑剪切点上方处。调整白色遮罩的长度到大约 15 帧，如图 2-128 所示。

图　2-127

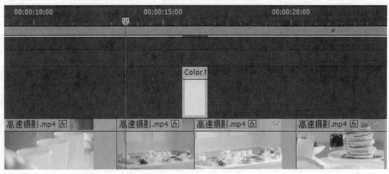

图　2-128

Step 3：将时间扫描线拉至白色色彩遮罩中央的 5 号、6 号剪辑剪切点位置，单击 Color Matte 命令，然后创建关键帧。

Step 4：在白色色彩遮罩的开头和结尾处分别再创建两个关键帧，并且都拉到底部，形成三角形的动画线。然后播放视频并观察闪白效果，如图 2-129 所示。

（4）淡出效果的制作

Step 1：选择最后一个剪辑作品，将时间扫描线拖至片尾，创建关键帧。

Step 2：将时间扫描线向左拖动适当距离，创建关键帧。

Step 3：将片尾的关键帧向下拖至窗口底部，如图 2-130 所示。

播放视频，即可观察到淡出的效果。

以上介绍的这些切换的手段都是在影片中很常见的手段,应用比较广泛。

切换特效除了以上的便捷做法之外,还有另外一种方式,可以通过 Effects(特效)面板与 Effect Control(特效控制)面板进行特殊效果的制作。

Effects(特效)面板如图 2-131 所示。其中有五个文件夹。

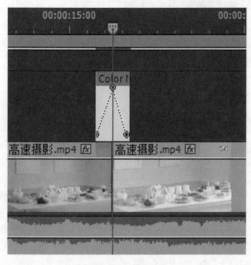

⊕ 图 2-129 　　　　　　 ⊕ 图 2-130 　　　　　　 ⊕ 图 2-131

Presets(预置):特效与切换效果的预置模板,可直接应用。

Audio Effects(音频特效):处理音频的效果器。

Audio Transitions(音频切换):两段音频之间的切换效果。

Video Effects(视频特效):视频特效的效果器,分为十多类,有上百种不同的视频效果。可通过安装插件来进一步增加类别。

Video Transitions(视频切换):两段视频切换过渡的效果,可以通过安装插件或者复制效果器文件来进一步增加相应的效果。(例如著名的切换效果包 FilmImpact.net Transition Packs)

不难理解,Audio Effects 和 Video Effects 文件夹下面的内容都可以制作音频和视频片段的特殊效果;而 Audio Transitions 和 Video Transitions 文件夹下面全部是对两段音频或视频之间进行连接转换的方式。Presets 文件夹下面则是一些设定好参数的特效。

特效效果器的使用方式是直接拖曳到视频或音频片段上。

继续完成案例 6 下文件的制作。打开 cross dissolve_cc.prproj,以便学习效果器的使用方式。

Step 1:选择 Window → Effects 命令,选中 Effects(特效)菜单项,如图 2-132 所示。

Step 2:在窗口中找到 Effects → Video Transitions(视频切换)→ Cross Dissolve(交叉溶解)命令,如图 2-133 所示。

Step 3:将 Cross Dissolve 效果器拖曳到时间线窗口素材序列的剪辑 3 和剪辑 4 之间,如图 2-134 所示。

播放这段特效,即可观察到视频的叠化效果。但是应注意这个效果会有跳跃感,中间画面有两次切换,视觉上会有不适感,这种错误在剪辑中称为夹帧。夹帧指的就是在前后两镜头或者某一个镜头内部,夹了一个或者一帧错误的镜头或画面。一般夹帧都很短,会在视觉上产生令人不太舒服的跳跃感。刚才的操作就是一个典型的夹帧的失误操作。

Step 4:将 Cross Dissolve 效果器拖曳到时间线窗口素材序列的剪辑 4 和剪辑 5 之间,如图 2-135 所示。

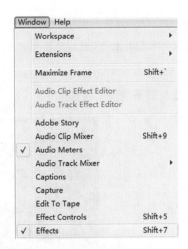

❸ 图　2-132

❸ 图　2-133

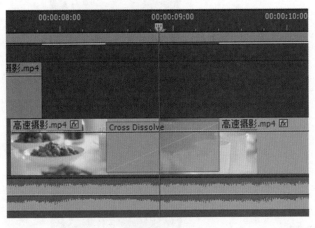

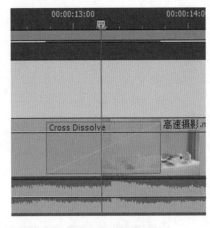

❸ 图　2-134

❸ 图　2-135

播放一下会发现这一个叠化效果非常流畅,前一个镜头淡出、后一个镜头淡入,这就是一个好的叠化镜头。为何同样的操作,在没有添加切换效果时播放均正常,而添加切换效果后,就会出错,出现夹帧现象,而 Step 4 就完全正常。

这涉及切换效果器的原理。首先,切换效果作用于两个镜头的连接处,如图 2-135 所示,此时效果器显示的画面是自动将前一个镜头的切出点对准到效果器的结尾处,而后一个镜头的切入点自动延展到效果器的开头处,如图 2-136 所示。

V1 轨的 Cross Dissolve 效果会等同于 V2、V3 轨的效果。注意观察轨道上的视频,剪辑 4 的切出点会后移,而剪辑 5 的切入点被提到前面,交叉的位置正好等同于 Cross Dissolve 的长度。

由此可知,剪辑 3 与剪辑 4 之间夹帧的产生,是由于镜头的切出、切入点改变之后带入了其他镜头的内容。而剪辑 5 与剪辑 6 之间即便改变了切出和切入点,也没有带入其他镜头,这样就不会产生夹帧现象。

应注意,放置切换效果器的时候,不仅仅可以放置于两个剪辑之间,也可以放置于一个镜头的开头或结尾处。放置好的切换效果还可以前后拖动来改变位置或者改变长度。

Step 5：拖动 Effects → Video Transitions → Dissolve → Dip to White 至剪辑 6 和剪辑 7 之间,观察闪白效果。

Step 6：拖动 Effects → Video Transitions → Dissolve → Additive Dissolve 至剪辑 7 和剪辑 8 之间,观察另一种闪白效果。

Step 7：单击片尾处已经做好淡出效果的关键帧，选中后按 Del 键将其删除，即去掉淡出效果。

Step 8：拖动 Effects → Video Transitions → Dissolve → Dip to Black 至视频剪辑的结尾处，观察淡出效果，如图 2-137 所示。

（1）Audio Effects 下面的效果器如图 2-138 所示。部分效果器的作用说明如下。

☻ 图 2-136

☻ 图 2-137

☻ 图 2-138

Balance（平衡）：控制左右声道的相对音量。

Bandpass（带通）：排除特定频率范围之外的其他频率。

Bass（低音）：增大或减小低音频率（200Hz 及更低）。

Channel Volume（通道音量）：用来控制立体声或 5.1 音频系统中每个通道的音量。

Chorus（合唱）：通过给声音添加短延迟和少量反馈，达到合唱或和声的效果。

DeClicker（消除咔嚓音）：消除音频中的咔嚓声。咔嚓声通常是由胶片剪辑拼接不良或音频素材数字编辑不良造成的。该效果对于因敲击麦克风而产生的小爆破声非常有用。

DeCrackler（消除爆破音）：消除音频中的爆破音。

DeEsser（消除齿音效果）：消除音频中的齿音。这类声音通常是在发出字母 s 和 t 的读音时产生。

DeHummer（消除嗡嗡声）：从音频中消除不需要的嗡嗡声。

Delay（延时）：为音频添加延时，产生类似于回声的效果。

DeNoiser（降噪器）：对音频进行降噪处理，它可以自动地探测到素材中的噪声，并且自动清除噪声。对于采集素材而引起的噪声有很好的控制效果。

Dynamics（动态）：功能很强大的一种声音效果滤镜，可以针对音频信号中的低音和高音之间的音调来消除或扩大某一范围内的音频信号。其功能掌握起来略有难度。

EQ（均衡器）：用来增加或减少特定中心频率附近的音频频率，可以在相应的频段按照百分比来调节音频以实现音调的变化。

Fill Left（使用左声道）：将左声道中的音频信息复制到右声道，并删除原来右声道的音频信息。

Fill Right（使用右声道）：将右声道中的音频信息复制到左声道，并删除原来左声道的音频信息。

Flanger（镶边）：一种音频特效。为声音镶上一种奇特的声音边缘，产生一种回旋、游移的声音效果。

Highpass（高通）：消除低于指定频率的频率。

Invert（反转）：反转各通道音频的相位。

Lowpass（低通）：消除高于指定频率的频率。

Multiband Compremieressor（多频段压缩器）：一种三频段压缩器，可以对低音、中音、高音分别进行控制。

Multitap Delay（多功能延时）：为音频添加最多四个回声。

Mute（静音）：屏蔽声音。

Notch（消频）：消除指定位置附近的频率。

Parametric EQ（参数均衡）：增加或减少位于指定中心频率附近的频率。

Phaser（移相器）：对音频信息的相位进行一定的调整，然后将其混合回原始信号，生成特殊的声音效果。

PitchShifter（调整音频的音调）：调整音频信号的音高，可以加深或减少原始素材的高音。

Reverb（混响）：通过模拟在室内播放音频来给原始音频素材添加环境音效。

Spectral NoiseRediusuction（频谱降噪）：通过运算把频率范围中的噪声部分的音量减低。

Swap Channels（交换声道）：交换左右声道的音频信息。

Treble（高音）：增加或减少高频（4000Hz 以上）的音量。

Volume（音量）：调整音频素材的音量。

（2）Audio Transition 下面有一个次级文件夹 Crossfade（淡入淡出），打开文件夹之后有几个效果器，如图 2-139 所示。

Constant Gain（恒定增益过渡）：为音频之间加入淡入淡出效果，但较为生硬。音频交叉曲线为▨。

Constant Power（恒定功率过渡）：为音频之间加入淡入淡出效果，效果较为柔和。音频交叉曲线为 。

Exponential Fade（指定淡化过渡）：为音频加入淡入淡出效果，类似于恒定功率过渡，但更有渐变的感觉。

（3）Video Effects 下面的次级文件夹非常多，如图 2-140 所示。

其中 Knoll 系列、Magic Bullet 系列以及 REdius Giant 系列均为非默认效果，需要安装特定的插件。

① Adjust（调整）包含的效果如图 2-141 所示。

图　2-139　　　　　　　　　图　2-140　　　　　　　图　2-141

这是常用的一类特效，主要用于修复原始素材的偏色或者曝光不足等方面的缺陷，也可以调整颜色或者亮度来制作特殊的色彩效果。

Auto Color（自动颜色）：自动调节画面颜色，使之更为协调，并降低与真实色彩的偏差。

Auto Contrast（自动对比度）：自动调节视频片段的对比度。

Auto Levels（自动色阶）：自动调节视频片段的色阶。

Convolution Kernel（回旋核心 / 卷积内核）：通过数学运算更改每个像素的亮度值，可以控制模糊、浮雕、锐化和其他效果的细节。

Extract（提取）：提取图像的色彩信息，使之变为灰度级图像。

Levels（色阶）：通过 RGB、R、G、B 通道调整画面的色阶。色阶影响画面的明暗分布。

Lighting Effects（灯光 / 照明效果）：可以使图像上产生由不同的光源、方向、强度、颜色等性质的光造成的灯光效果。

ProcAmp（基本信号控制）：对视频片段进行基础调节，可以调节画面的亮度、对比度、色相、饱和度。并可以将画面分为两部分，一部分是调节后的；另一部分是未调节的，以方便进行对比或产生其他效果。

Shadow/Highlight（阴影 / 高光）：调整画面的亮部和暗部，使画面曝光均匀。

② Blur & Sharpen（模糊与锐化）包含的效果如图 2-142 所示。

Antialias（抗锯齿）：将图像区域中高对比度的区域进行平均处理，使得图像柔和化。

Camera Blur（照相机模糊）：可使清晰图像调整得越来越模糊，或将模糊图像调整得比较清晰，就好像用照相机调整焦距以便调整清晰度。

Channel Blur（通道模糊）：使图像的 R、G、B 或 Alpha 通道各自变模糊。

Compound Blur（复合模糊）：根据"控制图层"的明暗使图像变模糊。默认情况下，"控制图层"亮度越高，对应的图像模糊度也越高。

Fast Blur（快速模糊）：指定图像模糊的快慢程度。Fast Blur 产生模糊的效果比 Gaussian Blur 速度更快。

Gaussian Blur（高斯模糊）：通过修改明暗分界点的差值来模糊和柔化图像。

Ghosting（幽灵）：将当前所播放的帧画面透明地覆盖到前一帧画面上，从而产生一种"幽灵附体"的效果。

Sharpen（锐化）：增加画面中相邻像素间的对比度。

Unsharp Mask（非锐化遮罩效果）：调整指定部分像素边缘色彩的对比度。

③ Channel（通道）包含的效果如图 2-143 所示。

图　2-142

图　2-143

Arithmetic（算术）：对图像的 R、G、B 通道执行各种简单的数学运算。不同的运算能产生不同的效果。

Blend（混合）：混合两个图层的图像，有五种不同的混合模式。

Calculations（计算）：通过计算使两个视频的通道结合起来。

Compound Arithmetic（复合运算）：进行图像的复合运算。

Invert（反转）：反转视频的色彩信息，使之产生负片效果。

Set Matte（设置遮罩）：将图像的 Alpha 通道替换成另一个视频轨道上的图像中的 Alpha 通道。

Solid Composite（纯色合成）：在图像"背后"创建纯色合成。可以控制图像、纯色合成的不透明度，并可以选择混合模式。

④ Color Correction（色彩校正）包含的效果如图 2-144 所示。

Brightness & Contrast（亮度与对比度）：调整图像的亮度和对比度。

Broadcast Colors（广播级颜色效果）：改变像素颜色值，使信号符合广播电视的传播要求。

Change Color（更改颜色）：更改不同颜色的色相、亮度和饱和度。

Change to Color（更改为颜色）：使用色相、亮度和饱和度（HLS）值将选择的颜色更改为另一种颜色，其他颜色不受影响。

Channel Mixer（通道混合器）：通过调节不同的通道以对图像色彩进行精细的调节。

Color Balance（色彩平衡）：调整阴影、中间调和高光中红色、绿色、蓝色的比重。

Color Balance(HLS)（颜色平衡）：更改图像色相、明亮度和饱和度的值。HLS 即代表了色相、明亮度、饱和度。

Equalize（均衡）：改变图像的像素值，使图像的亮度、颜色分布更为均衡。其效果类似于 Photoshop 中的"色彩均化"。

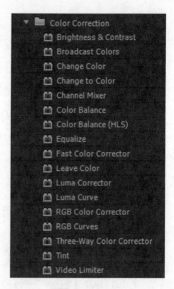

⊕ 图　2-144

Fast Color Corrector(快速颜色校正器)：通过调整色相饱和度来调整图像的颜色，该效果中也有色阶控件。

Leave Color（分色）：移除图像中的色彩信息，保留指定颜色。

Luma Corrector（亮度矫正器）：调整图像阴影、中间调和高光中的亮度和对比度。通过使用"辅助颜色校正"（Tonal Range Definition）控件，还可以指定要校正的颜色范围。

Luma Curve（亮度曲线）：使用曲线调整图像的亮度和对比度。通过使用"辅助颜色校正"控件，还可以指定要校正的颜色的范围。

RGB Color Corrector（RGB 颜色矫正器）：通过调整高光、中间调和阴影的色调范围，从而调整图像中的颜色。该效果还可以分别对每个颜色通道进行色调调整。

RGB Curves（RGB 曲线）：通过调整每个色彩通道的曲线来调整整个图像的颜色。

Three-Way Color Corrector（三向颜色校正器）：针对阴影、中间调和高光分别对色相、亮度、饱和度进行调整，从而对图像进行精细校正。

Tint（色调）：改变图像的色调。效果类似于 Photoshop 中的"渐变映射"。

Video Limiter（视频限幅器）：调整图像的明亮度和颜色，使它们位于设定的参数范围。

⑤ Distort（扭曲）包含的效果如图 2-145 所示。

Bend（弯曲）：在图像中产生纵横方向可以移动的波形外观，从而扭曲图像，产生波纹效果。

Corner Pin（边角定位）：通过更改每个顶点的位置来扭曲图像。

Lens Distortion（镜头扭曲）：模拟透过镜头查看图像时产生的扭曲效果。

Magnify（放大）：放大图像的局部或整体。

Mirror（镜像）：拆分图像，使得图像沿拆分线两边成镜子倒映的效果。

Offset（偏移）：使图像产生位移，移出画框的部分将在画框另一侧显示。

Rolling Shutter Repair（滚动快门修复）：通过滚动快门的方式修复图像。

Spherize（球面化）：模拟将图像覆盖到球面上的扭曲效果。

Transform（变换）：对图像做二维几何变换。

⊕ 图　2-145

Turbulent Displace（湍流置换）：使用不规则的波形在图像中创建湍流扭曲。

Twirl（旋转）：围绕图像中心旋转来扭曲图像。可以产生旋涡效果。

Warp Stabilizer（变形稳定器）：稳定运动。可消除因摄像机移动造成的抖动，从而可将摇晃的手持素材转变为稳定、流畅的拍摄内容。

Wave Warp（波形变形）：在图像中产生各种不同的波形，这些波形能够自动产生动画，不需要设定关键帧。如果要改变动画的速度，需要设置关键帧。

⑥ Generate（生成）包含的效果如图 2-146 所示。

4-Color Gradient（四色渐变）：通过设定四个效果点的位置和颜色来定义渐变。

Cell Pattern（单元格图案）：创建静态或动态的单元格图案。

Checkerboard（棋盘）：在图像上创建黑白棋盘图案，可以选择不同的混合模式产生不同的效果。

Circle（圆形）：在图像中创建一个实心圆或圆环。

Ellipse（椭圆）：在图像中绘制椭圆。

Eyedropper Fill（吸管填充）：将采样的颜色通过不同的模式应用于源图像。通过移动样本点的位置定义吸取的颜色。

Grid（网格）：在图像中创建可自定义的网格。

Lens Flare（镜头光晕）：模拟摄像机镜头受强光照射是产生的光晕。

Lightning（闪电）：在图像的指定位置创建闪电视觉效果。该效果在视频片段的时间范围内自动动画化，无须使用关键帧。

Paint Bucket（油漆桶）：使用纯色来填充定义区域。

Ramp（渐变）：创建线性或镜像颜色渐变。

Write-on（书写）：可动画化图像上的描边。例如，可以模拟草体文字或签名的手写动作。（官方解释）

⑦ Image Control（图像控制）包含的效果如图 2-147 所示。

Black & White（黑白）：将图像转化为灰度图像。

Color Balance(RGB)（色彩平衡（RGB））：调整图像中红色、绿色和蓝色的比重。

Color Pass（颜色过滤）：将图像转化为灰度图像，但转化指定的某个颜色。

Color Replace（颜色替换）：将所有出现的指定颜色替换成新的颜色，但不改变灰色阶。

Gamma Correction（灰度系数矫正）：使图像变亮或变暗，同时又保留阴影和高光。

⑧ Keying（键控）包含的效果如图 2-148 所示。

图 2-146

图 2-147

图 2-148

Alpha Adjust（Alpha 调整）：调整图像的不透明度。

Blue Screen Key（蓝屏键）：基于蓝色创建透明度。即抠出图像中明亮的蓝屏。

Chroma Key（色度键）：抠出所有类似于指定颜色的图像像素，并将抠出的部分转化为 Alpha 通道。

Color Key（颜色键）：抠出所有类似于指定颜色的图像像素，并将抠出的部分转化为 Alpha 通道。

Difference Matte（差值遮罩）：将源图像和差值图像进行比较，然后在抠出位置遮罩与差值图像颜色均匹配的像素。

Eight-Point Garbage Matte（八点无用信号遮罩）：通过八个点设置一个遮罩，八个点的位置变化可以改变遮罩的形状。

Four-Point Garbage Matte（四点无用信号遮罩）：效果、原理与"八点无用信号遮罩"相通。

Image Matte Key（图像遮罩键）：根据一张合适的灰度图像的明亮度值抠出图像的相关区域。该效果类似于 Photoshop 中的图层蒙版。

Luma Key（亮度键）：抠出图层图像中指定亮度的区域。

Non Red Key（非红色键）：基于绿色或蓝色背景创建不透明度，类似于蓝屏键效果。

RGB Difference Key（RGB 差值键）：效果类似于色度键，相当于色度键的简化版。

Remove Matte（移除遮罩）：如果输入素材带有 Alpha 通道，或者输入的文件带有在 After Effects 中创建的 Alpha 通道，那么在图像色彩与背景之间或者遮罩和颜色之间由于对比度较大，会产生光晕。移除遮罩或改变遮罩的颜色可以去除光晕。

Sixteen-Point Garbage Matte（十六点无用信号遮罩）：效果、原理与"八点无用信号遮罩"相通。

Track Matte Key（轨道遮罩）：用一个运动的影像作为当前轨道的遮罩，任何素材都可以被作为遮罩。轨道遮罩使用的图像必须放在高于视频 2 的轨道上，且与使用遮罩的轨道相邻。

Ultra Key（极致键）：功能与色度键类似，能够做出比色度键更为精细的抠像。极致键效果在具有支持的 NVIDIA 显卡的计算机上采用 GPU 加速，从而提高播放和渲染性能。

⑨ Noise & Grain（噪波与颗粒）包含的效果如图 2-149 所示。

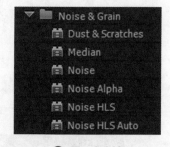

Dust & Scratches（蒙尘与划痕）：将位于指定半径范围之内的不同像素更改为更类似邻近区域的像素，从而减少蒙尘与划痕。效果近似于 Photoshop 的修复画笔工具。

Median（中间值）：改变每一个像素的像素值，该值是指定半径的邻近像素的中间颜色值。

Noise（杂色）：随机更改图像中的像素值，为图像添加杂色效果。

⊕ 图 2-149

Noise Alpha（杂色 Alpha）：在图像中添加杂色 Alpha 通道，即在图像中添加的杂色将转化为 Alpha 透明通道。

Noise HLS（杂色 HLS）：改变杂色区域的 HLS 值。

Noise HLS Auto（自动杂色 HLS）：改变杂色区域的 HLS 值，并随视频的播放产生动画化效果。

⑩ Perspective（透视）包含的效果如图 2-150 所示。

Basic 3D（基本 3D）：将二维图像置于模拟 3D 空间中进行操作。可以围绕不同的轴旋转图像、调整图像的距离。

Bevel Alpha（斜面 Alpha）：在图像的 Alpha 通道边缘创建斜面效果。如果图像没有 Alpha 通道，则该效果应用于图像边缘。

Bevel Edges（斜边角）：为图像边缘提供斜边角效果。

Drop Shadow（投影）：为图像添加阴影。投影的形状取决于图像的 Alpha 通道的形状。

Radial Shadow（放射阴影）：效果类似于投影。两者的区别是：投影的光源是平行光,放射投影的光源是点光源。此阴影是从源图像的 Alpha 通道投射的,因此在光透过半透明区域时,该图像的颜色可影响阴影的颜色。

图　2-150

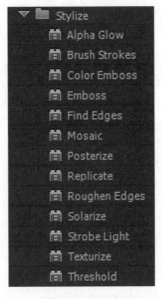

图　2-151

⑪ Stylize（风格化）（见图 2-151）

Alpha Glow（Alpha 发光）：在蒙版的 Alpha 通道的边缘添加颜色,创建发光效果。

Brush Strokes（画笔描边）：向图像应用绘画效果。

Color Emboss（彩色浮雕）：为图像创建类似浮雕的效果,但保留图像的颜色。

Emboss（浮雕）：为图像创建类似浮雕的效果。

Find Edges（查找边缘）：识别过渡明显的图像区域并突出边缘。使用此效果可以使图像看起来像草图。

Mosaic（马赛克）：为图像添加马赛克效果,使原始图像像素化。

Posterize（色调分离）（官网翻译为抽帧,是不准确的）：指定图像中每个通道的色调。

Replicate（复制）：将图像按一定的比例缩小并复制,然后平铺在整个画框中。

Roughen Edges（粗糙边缘）：使图像的 Alpha 通道的边缘变粗糙。

Solarize（曝光过度）：调整图像,使之产生负像和正像之间的混合效果。

Strobe Light（闪光灯）：使图像定期或随机地产生间隔透明效果,并产生闪光灯的效果。图像透明时显示的是纯色层。

Texturize（纹理化）：为图像添加其他图像的纹理外观。

Threshold（阈值）：将图像转换成具有很高对比度的黑白图像。

⑫ Time（时间）（见图 2-152）

Echo（重影 / 残影）：合并视频不同时间的帧,使运动物体产生残影的效果。仅当视频包含运动时,此效果才会生效。

图　2-152

Posterize Time（抽帧）：改变视频的帧速率,但不改变视频的整体长度和播放速度,相当于抽出一部分帧,改变保留帧的持续时间。

⑬ Transform（变形）（见图2-153）

Camera View（摄像机视图）：模拟摄像机视角，从不同角度查看图像，从而使图像扭曲。

Crop（裁剪）：裁剪图像。

Edge Feather（羽化边缘）：在图像边缘创建柔和的黑边框。

Horizontal Flip（水平翻转）：使图像左右翻转。

Horizontal Hold（水平保持）：使图像向左或向右倾斜。

Vertical Flip（垂直翻转）：使图像上下翻转。

Vertical Hold（垂直保持）：使图像向上或向下倾斜。

⑭ Transition（切换）（见图2-154）

图 2-153

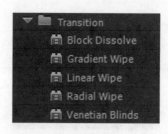

图 2-154

Block Dissolve（块状溶解）：使图像在随机块中溶解并消失。

Gradient Wipe（渐变擦除）：通过另一图层（渐变图层）的明亮值控制图像的擦除效果。例如，从左边黑色变为右边白色的简单灰度渐变图层，可使底层图像在"过渡完成"值增加的过程中从左到右显示出来。

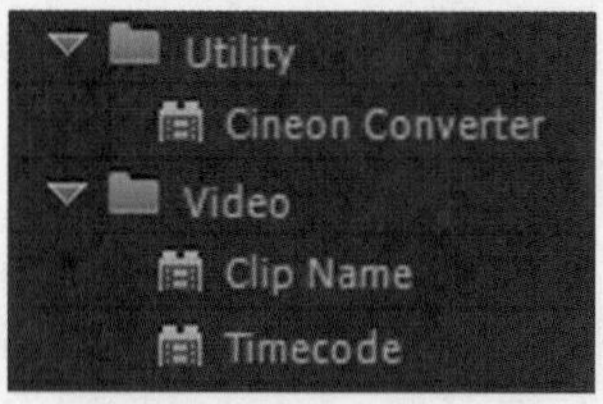

Linear Wipe（线性擦除）：对图像进行简单的线性擦除，擦除方向可自定。

Radial Wipe（径向擦除）：围绕指定点创建径向擦除来显示底层图像。

Venetian Blinds（百叶窗）：使用类似于百叶窗的方式指定方向和宽度的条纹来创建擦出效果以显示底层图像。

⑮ Utility（实用程序）

Cineon Converter（Cineon 转换器）：该效果器提供了线性与对数色彩模式之间的转换，一般用于处理10bit的电影级素材调色，如图2-155所示。

图 2-155

⑯ Video（视频）

Timecode（时间码）：在图像上显示时间码。时间码可以显示视频是逐行扫描的还是隔行扫描的。如果是隔行扫描视频，还可以指明帧是上场还是下场。

⑰ Video Transitions（视频切换）

Video Transitions 下面的次级文件夹如图2-156所示。

练习7：打开07目录下的案例 transition_cc.prproj，直接在时间线窗口中播放，观察所有视频切换的效果。该案例文件按顺序将所有视频切换效果放置于时间线上，可以自行浏览每一种视频切换的效果。

下面简要介绍一下 Video Transition 下效果器的大致效果。

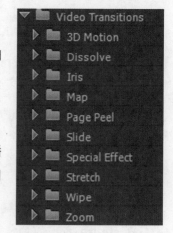

图 2-156

3D Motion（3D 运动）：立体的切换效果，例如开门、方块旋转等。

Dissolve（溶解）：最常见的切换效果，叠化、闪白、淡入淡出等均在这一部分。

Iris（划像）：各种图形的划像效果。

Map（贴图）：有通道图像和亮度图像过渡两种。

Page Peel（翻页）：各种模拟翻书页或是卷轴的效果。

Slide（滑动）：通过各种形式的滑动画面来切换至下一个画面。

Special Effect（特效）：用画面特效来进行过渡。

Stretch（拉伸）：拉伸画面来进行过渡，与滑动的区别在于画面会因拉伸而产生变形。

Wipe（擦除）：类似于划像，用各种图形将前一个画面擦除，然后置入下一个画面中。

Zoom（推拉）：用镜头的推拉效果进行镜头切换。

这些效果器可以通过安装插件包或者直接复制效果器文件到 Premiere 的安装目录下的 plug-ins 目录下面，以增加额外的切换效果器。

练习 8：打开配套资源→案例→ 08 → kodak_cc.prproj。

该案例要模仿一条早期广告中的特效。先将"柯达一刻"拖至源监视器中进行播放，观察特效。分析该广告的特效效果，先闪白，模仿拍照效果，白边的照片从画面定格到旋转、上浮，并且对底层画面产生投影。观察清楚后开始模仿制作。

Premiere 的特效制作需要 Effects 菜单中的效果器支持。当效果器作用在视音频片段上时，在 Effect Controls（特效控制）面板上就会出现该片段上的所有效果器的参数。

单击时间线上的"素材"序列，选中任一视频片段，然后单击 Effect Controls 面板标签，激活特效控制面板，即可看到视频片段上的效果器，如图 2-157 所示。该图显示的是默认效果器，分为视频效果和音频效果两部分。

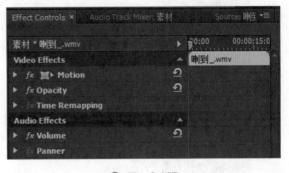

⊕ 图　2-157

（1）视频效果

视频效果部分的内容如下。

Motion（运动）：改变视频素材的位置、缩放比例、旋转角度、锚点位置等。

Opacity（不透明度）：改变视频素材的不透明度。打开之后还有一个名为 Blend Mode（混合模式）的重要选项。该功能与 2.6.3 小节中所述 Vegas 轨道头区的 Compositing Mode（合成模式）工具的功能类似，也提供了同样的数十种不同的混合模式，如图 2-158 所示。

以上混合模式在 Photoshop 等平面软件以及 AE 等合成软件中使用频繁。Premiere 作为非编软件，这部分功能的使用频率不是很高。

Time Remapping（时间重映射）：改变视频素材的播放速度，并可以在不同的速度之间产生渐变效果，速度可以逐渐加快或速度逐渐减慢。

Camera Blur（镜头模糊）：模拟镜头虚焦的画面模糊效果。

（2）音频效果

音频效果部分有如下功能。

Volume（音量）：调整音频增益，是一个音量参数。

Channel Volume（声道音量）：调整不同声道的音频增益参数。

Panner（相位）：调整左右声道的平衡。

Motion 下面还有次级菜单，单击小三角按钮打开，如图 2-159 所示。

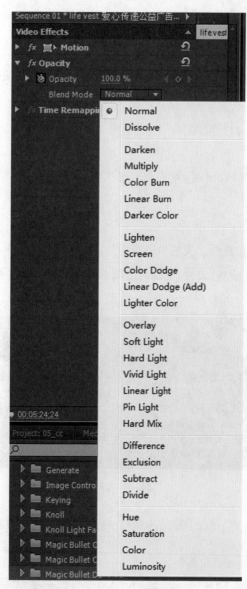

图 2-158

图 2-159

● Position（位置）：调整视频素材在画框中的位置。

● Scale（比例缩放）：调整视频素材的缩放比例。

● Scale Width（宽度缩放）：单独调整视频素材的宽度缩放（勾选 Uniform Scale（比例锁定）选项则同时调整素材的长宽比例）。

● Rotation（旋转）：调整视频素材在画框中的旋转角度。

● Anchor Point（锚点）：调整视频素材锚点的位置。锚点即视频的中心点，对视频的位置、旋转、缩放等调整都是以该点为原点进行的。

● Anti-flicker Filter（抗闪烁滤镜）：防抖滤镜。剪辑时碰到镜头会有像素级抖动，尤其是运动镜头，抖动闪烁尤为严重。该选项可以对其作出调整，降低其抖动频率。

74

以上效果的参数均可设置关键帧动画。

如图 2-160 所示,单击参数行的小三角,可进行关键帧参数的具体设置,再单击开头的秒表图标,就会在右侧的时间线上记录一个菱形的关键帧。然后拖动时间指示器到另一个时间点上,修改参数,软件会自动生成一个新的菱形关键帧。在两个关键帧之间会自动生成动画,这种动画称为关键帧动画。

⊕ 图 2-160

要去掉某些动画,可以单击菱形关键帧,然后按 Del 键删除。

要去掉某个参数下的所有动画,直接单击开头的秒表图标,就会弹出一个对话框,如图 2-161 所示,提示信息的意思是"该动作会删除所有的关键帧,是否继续",单击 OK 按钮,就会清空该行的关键帧。

⊕ 图 2-161

下面继续完成 08 目录下的案例。

Step 1:单击时间线窗口"素材"序列下的素材,从右键菜单中选择 Scale to Frame Size(放缩至画框大小)。观察 Premiereogram 监视器,画面放大并填充满整个画框。

Step 2:播放至小孩尖叫开始的位置,停下时间扫描线。单击 Razor(剃刀)工具(快捷键为 C),单击小孩尖叫开始的位置,将镜头切开。

Step 3:在 Project(项目)窗口空白处右击,选择 New Item → Color Matte 命令,然后选择大小、帧速率等,再拾取白色,确定素材名,单击 OK 按钮,建立白色遮罩。然后拖动至 V3 轨的镜头剪切点处。调整视频长度至 15 帧左右,调节透明度曲线,制作闪白效果,如图 2-162 所示。

Step 4:复制第二个片段,将其移动到 V2 轨上,与 V1 轨的 clip2 对齐,如图 2-163 所示。

⊕ 图 2-162

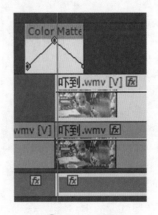

⊕ 图 2-163

Step 5:在 V2 轨的片段上右击,从弹出菜单中选择 Frame Hold 命令,在打开的对话框中勾选 Hold On(定格）。后面的下拉列表中选择 In Point，即从入点处定格。然后单击 OK 按钮，完成定格的制作，如图 2-164 所示。

　　Step 6：关掉 V1 和 V3 轨道头的眼睛图标，屏蔽 V1 轨和 V3 轨视频的显示。

　　Step 7： 依 次 拖 动 Effects → Video Effects → Transform → crop 至 V2 轨的定格视频上。

图　2-164

　　Step 8：在 Effect Controls 面板中找到 Crop 效果器的参数，分别修改 Left 值为 15%，Top 值为 22%，Right 值为 17%，Bottom 值为 10%，可以看到 Premiereogram 监视器中画面被裁切并变小，如图 2-165 和图 2-166 所示。

图　2-165

图　2-166

　　Step 9：在 V1 轨道头处右击，从菜单中选择 Add Track 命令，会在原来的 V1 与 V2 轨之间增加一个空轨道。拖动白色遮罩至空的 V2 轨上，调整长度并使之与 V3 的视频片段一样长。然后解除对 V1 轨的屏蔽。

　　Step 10：在 Effect Controls 菜单中单击 Crop 效果器，从右键菜单中选择 Copy（复制）命令。然后单击 V2 轨上的白色遮罩，再次单击 Effect Controls 菜单，在空白处右击，从快捷菜单中选择 Paste 命令，将定格画面裁切的效果器复制到白色遮罩层上，再调整 Crop 参数，将 Top 与 Bottom 参数值分别降低 1%，调至 21% 与 9%，则得到的效果如图 2-167 所示。

　　Step 11：依次拖动 Effects → Video Effects → Perspective → Drop Shadow 至 V2 轨白色遮罩上，修改参数如图 2-168 所示，制作出投影效果。

图　2-167

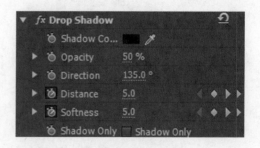

图　2-168

　　Step 12：下面制作照片旋转的特效。单击 V3 轨上的视频片段，在 Effect Controls 菜单中单击 Motion 效果器前的小三角图标，打开详细参数。将时间扫描线移动至片段起始处，单击 Ratation 前的秒表图标，创建值为 0 的关键帧。将时间扫描线向后移动大约 1 秒，然后调整 Ratation 值为 −8。播放视频，可见中间画面产生了旋转动画。

Step 13：单击 V3 轨上的片段，从右键菜单中选择 Copy 命令；然后单击 V2 轨上的白色遮罩，从右键菜单中选择 Paste Attributes（粘贴属性）命令，弹出一个对话框，去掉其他复选框，只留下 Motion 的选中状态。单击 OK 按钮，如图 2-169 所示，即完成了将 V3 视频片段的旋转动画复制到白色遮罩上的操作。播放时可以观察到相片白边与定格画面一起转动的效果。

Step 14：单击 V3 轨中的白色视频，依次选择 Effect Controls → Video Effects → Drop Shadow，将时间扫描线移动至起始处，单击 Distance（距离）与 Softness（柔化）的秒表图标，开始记录动画，初始值均为 5。将时间扫描线移动至 Rotation 动画第二个关键帧处，修改 Distance 与 Softness 的值均为 20，如图 2-170 所示，播放动画，即可观察到相片转动的同时，阴影变大并虚化。

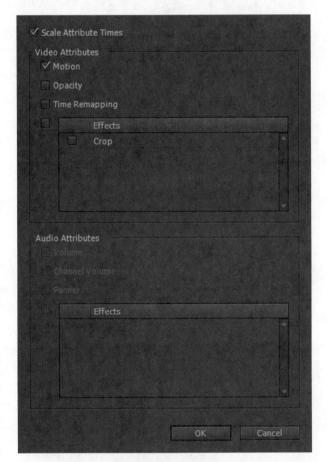

⊕ 图　2-169

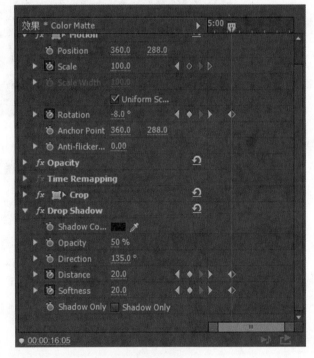

⊕ 图　2-170

至此可以看到所做的特效已经基本上与"柯达一刻"中的效果一致了。

总结以上案例，可见 Premiere 的特效都是比较简单的，参数也不多，调整参数即可看到效果，复杂程度也偏低，跟 AE 等特效合成软件比起来，难度降低了很多。但是组合得当，也可以做出一些有趣而实用的效果。学习时可以找一些视频，将特效依次替换上去，调整参数来观察效果。

2.7.2　Edius 中的转场与动画

Edius 的效果器用法与 Premiere 中的略有不同。

打开配套资源→案例→06 → Cross Dissolve.ezp，同在 Premiere 一样来练习淡入淡出、闪白、叠化等效果。

（1）淡入效果的制作

Step 1：将时间指示器拉至片头位置，按"+"键放大时间轴，在轨道头右击，从弹出菜单中选择"高度"（选定轨道）→"5 高"命令。重复操作，将 1、2 轨都调高，高度值为 3 或 4 均可，便于以后操作，如图 2-171 所示。

Step 2：单击打开 1 VA 轨道头第二个小三角图标，将效果层打开，然后单击效果层轨道头处的 MIX 混合器按钮，即可打开效果层上的混合器调节线。此时将鼠标指针移动到效果层最上方和视频层交界处，鼠标指针即变为带加号的箭头，此时单击即可添加关键帧，如图 2-172 所示。

Step 3：用鼠标将开头处的默认关键帧向下拉到底，第二个关键帧保持不变，即可获得淡入效果，如图 2-173 所示。

⊕ 图 2-172

⊕ 图 2-171

⊕ 图 2-173

此时将时间扫描线拉回左侧的起始位置，按空格键开始播放，即完成淡入效果。

（2）叠化的制作

Step 1：单击 2V 轨前方的小三角图标，并单击 MIX 混合器按钮。

Step 2：将红色时间扫描线拖动到第 1 个片段结尾处，单击第 2 个片段，创建关键帧，如图 2-174 所示。

Step 3：将红色时间扫描线拖动到第 2 个片段开头处，选择默认关键帧，并将其向下拖曳到底，即完成叠化效果的制作，如图 2-175 所示。

⊕ 图 2-174

⊕ 图 2-175

（3）闪白的制作

Step 1：在 2 V 轨道头处右击，从快捷菜单中选择"添加"→"在上方添加视频轨道"命令，在弹出的对话框中确认增加 1 个轨，即可在第二轨上方创建一个新的 3 V 视频轨，如图 2-176 所示。

Step 2：按 B 键打开素材窗口，在窗口右侧素材框空白处右击，从快捷菜单中选择"新建素材"→"色块"命令，将默认的黑色调成白色，单击"确定"按钮，如图 2-177 所示。

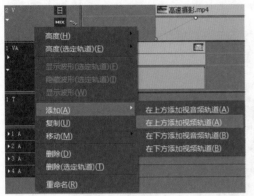

⊕ 图　2-176

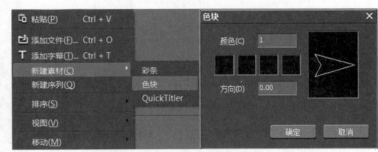

⊕ 图　2-177

Step 3：将新建好的白色 Color Matt（色彩遮罩）拖动到 3 V 轨道上的第 5 个和第 6 个片段剪切点上方处。调整白色遮罩的长度到 15 帧左右，如图 2-178 所示。

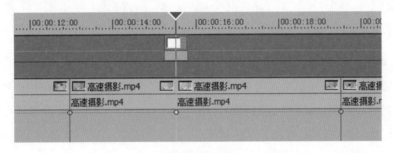

⊕ 图　2-178

Step 4：将 3 V 轨道头的效果器打开，并单击 MIX 按钮，将时间扫描线拉至白色色彩遮罩中央的 5 号、6 号片段剪切点位置，单击选择 Color Matte，然后创建关键帧。

Step 5：将在白色色彩遮罩的开头和结尾处的两个默认关键帧都拉到底部，形成三角形的动画线。播放动画，观察闪白效果，如图 2-179 所示。

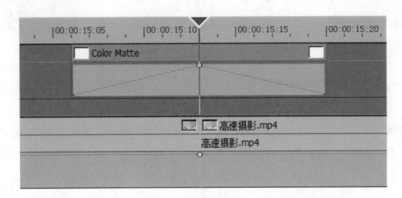

⊕ 图　2-179

（4）淡出效果的制作

Step 1：选择最后一个片段，将时间扫描线拖至片尾，往回拖一点距离，创建关键帧。

Step 2：将片尾的关键帧向下拖至底部，如图 2-180 所示。播放即可观察到淡出的效果。

（5）制作特效过渡效果

Edius 同样具备用特效做过渡的功能。下面进行说明。

Step 1：选择主菜单中的"视图"→"面板"→"特效面板"命令，确认特效面板已打开，如图 2-181 所示。

❂ 图 2-180

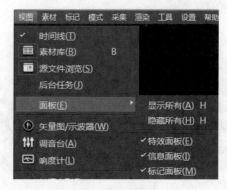

❂ 图 2-181

Step 2：在特效面板中找到转场，转场节点下有 2D、3D 等选项，很多选项的作用与 Premiere 中的转场效果都是一致的，如图 2-182 所示。

Step 3：选择"特效"→"转场"→2D→"溶化"选项，将片段拖动到时间轴上，放置到 clip4 与 clip5 之间的剪切点上，即出现一个灰黑条纹状效果器，即代表叠化的过渡效果，如图 2-183 所示。

除此之外，Edius 还提供了一个快捷功能，在时间线窗口的上方工具栏中，即添加默认转场 ▣。选择一个片段，将时间扫描线移动到该片段前端或末尾，单击该按钮，即会在片段前端或者末尾插入一个默认的溶化效果。而默认的转场效果可以在特效面板中通过右键设置。与 Premiere 一样，转场效果器可以用选择工具拖动效果器的出入点来改变转场时间的长短，如图 2-184 所示。

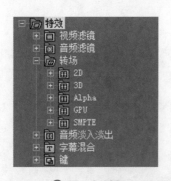

❂ 图 2-182

❂ 图 2-183

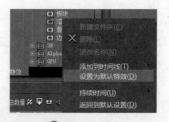

❂ 图 2-184

Edius 的动画控制面板是弹出式的。先选中素材，按 F7 键，或者在主菜单中选择"素材"→"视频布局"命令，即可弹出视频布局面板，如图 2-185 所示。

或者单击素材视频位置（轨道上黄色的片段），然后在信息窗口中可以看到视频布局，双击即可打开相应面板，如图 2-186 所示。

"视图布局"对话框左上角是"裁剪"和"变换"两个标签，右侧是"参数"和"预设"两个选项卡。与 Premiere 中的 motion 面板相似的运动面板下有位置、缩放、旋转、可见度（即透明度）等参数可设置。动画调整的方式与 Premiere 中也完全一致,在下方的视频布局时间线上,单击前方的小三角图标,打开可控参数,单击右侧的小菱形按钮,创建多个关键帧,即可制作动画。

图 2-185

图 2-186

下面做一个小练习。

Step 1:选择任意的片段,按 F7 键打开"视频布局"面板。单击"旋转"前方的小三角图标,打开相关参数,选择"旋转"一栏前方的复选框,如图 2-187 所示。

Step 2:将时间线移到最开头处,然后单击菱形按钮,创建第一个关键帧。

Step 3:将时间线向后移动一段距离,修改"旋转"的参数值为 180°,再次单击菱形按钮,创建第二个关键帧,如图 2-188 所示。

图 2-187

图 2-188

播放动画,即可看到镜头中有一个旋转 180° 的动画。

Edius 其他的动画特效也是通过拖动特效面板下的效果器至视频片段上,再双击信息窗口中的效果器来打开控制面板进行参数的设置。信息窗口可在"面板"菜单下找到相关命令。

例如,要为视频片段添加一个三路色彩校正效果器,可在信息窗口双击,即可弹出效果器控制面板进行参数的设置,如图 2-189 所示。

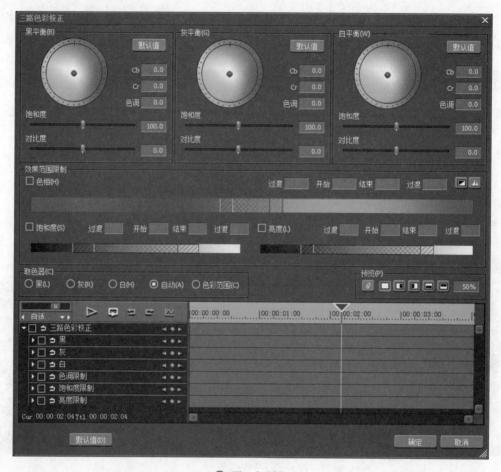

图 2-189

2.7.3 Vegas 中的转场与动画

用 Vegas 制作叠化效果与淡入淡出效果是最简单的。

打开配套资源→案例→ 06 → Cross Dissolve.veg。

（1）叠化效果的制作

单击 clip2，将其拖动到轨道 1 上，与 clip1 和轨道 3 重叠。可以看到重叠的部分自动生成两条曲线。即完成了叠化效果的制作，如图 2-190 所示。

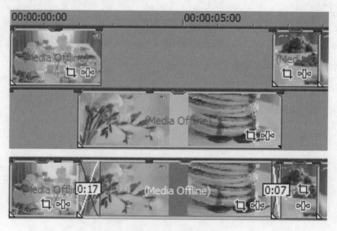

图 2-190

（2）淡入效果的制作

将鼠标置于片段的左上角，当鼠标指针变为扇形箭头时，向右拖曳形成曲线，如图 2-191 所示，即完成了淡入效果的制作。

（3）淡出效果的制作

将鼠标指针置于片段的右上角，鼠标指针变为扇形箭头时，向左拖曳出曲线，完成淡出效果的制作。

（4）闪白效果的制作

在制作叠化效果的基础上，右击叠化指针的两根曲线相交的位置，弹出右键菜单，选择 Transition Properties，即可弹出转场效果器窗口，如图 2-192 所示。从中选取 Sony Flash，单击 OK 按钮，即可将默认的叠化效果转化为闪白效果，如图 2-193 所示。

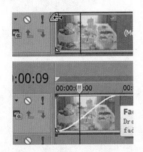

⊕ 图 2-191

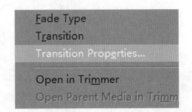

⊕ 图 2-192

⊕ 图 2-193

从上述几个例子可以看出，Vegas 在几种常用转场效果方面做得极为人性化、简便化，使用起来也十分方便。

（5）其他特效

下面来看其他特效的做法。

单击图 2-194 右下角的方块图标，即可打开 Vegas 的 Video Event FX（视频事件效果）窗口，默认直接拥有 Pan/Crop（平移 / 裁剪）效果器，其效果等同于 Premiere 的特效控制面板下的 motion 功能和 Edius 下的"视频布局"面板，如图 2-195 所示。

✿ 图　2-194

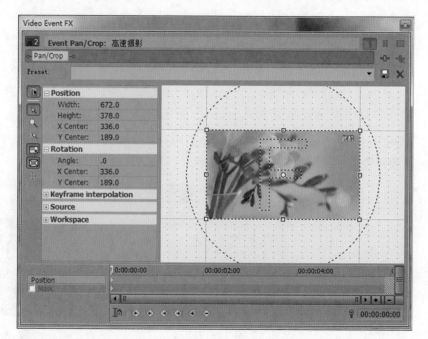

✿ 图　2-195

　　面板左侧为 Position（位置）、Rotation（旋转）等常用的调节选项，右侧是画面的调节效果，当在右侧圆形虚线上拖曳时，画面即可旋转；当在方形画框四角拖曳时，可以放缩画面；当在方形画框中间拖曳时，可以移动画面。并且在窗口中所做出的所有调节，在主界面监视器上可以立即看到效果。

　　关键帧的制作方法也很类似。在下方时间轴上移动时间线，通过底部的紫色菱形创建或者删除关键帧，即可在多个关键点之间产生动画。具体过程与前两个软件类似，这里不再详细介绍，如图 2-196 所示。

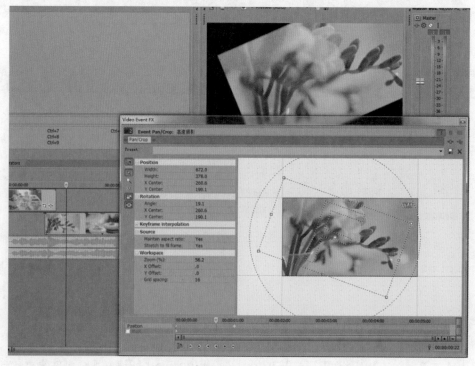

✿ 图　2-196

另外,如果单击图 2-194 右下角的双三角图标 即可打开 Vegas 的 Plug-In Chooser(插件选择器),可以在弹出面板中选择需要的特效并添加至所选视频片段中,如图 2-197 所示。

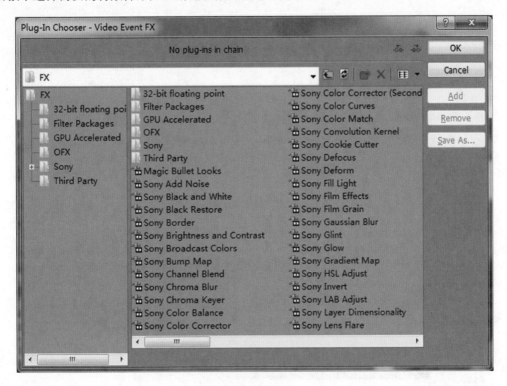

　　　　　　　图　2-197

　　从窗口中选择 Sony Border(边框)效果器,单击 OK 按钮,即可看到视频事件效果器窗口中加入了边框特效,可以适当调节参数来观察效果,如图 2-198 所示。

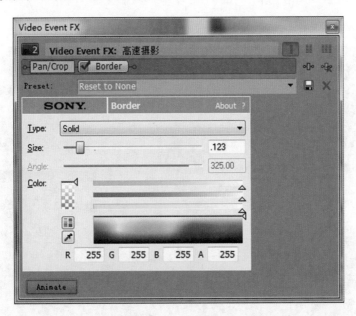

　　　　　　　图　2-198

　　注意:在 Border 前方是一个 Pan/Crop 效果器。Vegas 的特效面板就是这样通过链接一个又一个效果器而完成最终的效果。如果不需要某种效果,直接取消对该效果器的选择,或者单击右上方的删除特效按 ,直接删除该效果器。

Vegas 的效果器还可以通过插件来增加。

总而言之，Vegas 的特效制作在几个软件中算是相对简便的，学习起来也相对容易。

2.8　输　出　文　件

在基本完成了剪辑的制作之后，就可以进入最后一个环节，即输出文件。

2.8.1　Premiere 中的剪辑输出流程

输出的流程如下。

选择 File（文件）→ Export（输出）命令，弹出一个子菜单，如图 2-199 所示。

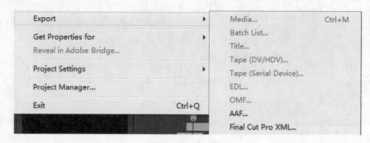

图　2-199

Export 子菜单下面有很多命令选项，针对不同版本也会不同，最常用的是 Media（媒体）、Tape（磁带）、EDIUSL（编辑列表）、Final Cut Pro XML（FCP 编辑文件）等命令。

Media 用于输出可播放的媒体文件，单击该命令后弹出的对话框如图 2-200 所示。

图　2-200

该对话框有很多不同的媒体文件格式可以选择，而且每一种格式下方都有微调选项，可以做更进一步的参数调整。

下面对 Premiere 中输出的常见格式做简要介绍，这些如图 2-201 所示。

菜单中的可选格式分为三个部分：音频文件、视频文件、图片序列。

图片序列（Image Sequence）指的是当渲染输出视频的时候，将视频的每一帧都渲染为一幅图片，按照顺序排列，这样每秒 25 帧的视频就会输出成一秒钟 25 幅图片。图片序列一般用来作为剪辑软件与特效合成软件或者三维软件之间的交换方式，即输出指定镜头的图片序列到特效软件中并进行特效合成，完成后再输出成图片序列并返回到剪辑软件中。

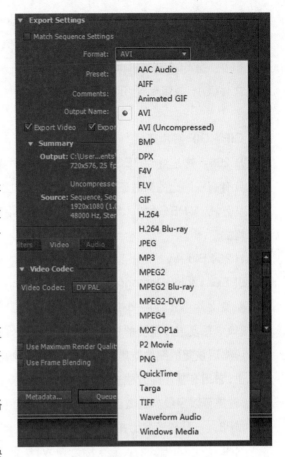

AAC Audio：一种被开发出来可替代 MP3 的音频格式，在获取超过 MP3 音质的前提下可压缩成更小的文件，是有损压缩的格式，音质上弱于 FLAC 以及 APE 等无损格式，主要用于ITUNES。

AIFF（Audio Interchange File Format，音频交换文件格式）：苹果上的标准音频格式，用 QuickTime 播放器播放。

Animated GIF（Graphics Interchange Format，图像交换格式）：这是一种支持几乎所有相关软件的图片格式，其特点是

● 图　2-201

不仅可以显示静态图片，还可以在一个文件中储存多幅图像数据并且可以逐张播放来形成动画，这也是因特网上常说的"动图"。

DV-AVI：其英文全称是 Digital Video Format，是由索尼、松下、JVC 等多家厂商联合提出的一种家用数字视频格式，可以通过计算机的 IEEE 1394 端口传输视频数据到计算机中，也可以将计算机中编辑好的的视频数据回录到数字摄像机中。这种视频格式的文件扩展名是".avi"，所以习惯地称为 DV-AVI 格式。该格式是 Premiere 采集视频的默认格式，也是 Premiere 应用起来最流畅的格式之一，文件很大，视频质量较高。PAL 制式的录像带采集 1 小时其大小为 10 ～ 20GB。

AVI（Audio Video InterleavEdius，音频视频交错格式）：它于 1992 年由 Microsoft 公司推出。所谓"音频视频交错"，就是可以将视频和音频交织在一起进行同步播放。该视频格式的优点是开放性好，可以跨多个平台使用。其缺点是体积过大，并且由于压缩标准不统一，因此经常会遇到无法播放或者无法剪辑的状况。

BMP：通称"位图"，是一种应用非常广泛的图像文件格式。它采用位映射存储格式，除了图像深度可选以外，不采用其他任何压缩，因此占用的空间很大。用 BMP 文件格式存储数据时，图像的扫描方式是按从左到右、从下到上的顺序。由于 BMP 文件格式是 Windows 环境中交换与图有关的数据的一种标准，因此在 Windows 环境中运行的图形图像软件都支持 BMP 图像格式。Premiere 用该选项输出 BMP 图片序列。

DPX：这是在柯达公司的 Cineon 文件格式基础上发展出来的基于位图 (bitmap) 的文件格式，是 SMPTE 在 Cineon 文件格式的基础上加上一系列头文件 (header information) 后的格式。它是为储存和表达运动图像或视频流的每一个完整帧而发展出的格式。它是数字电影和 DI 工作中最重要的文件格式之一。

F4V：F4V 是 Adobe 公司为了迎接高清时代而推出继 FLV 格式后的支持 H.264 的流媒体格式。它和

FLV 主要的区别在于，FLV 格式采用的是 H.263 编码,而 F4V 则支持 H.264 编码的高清晰视频,码率最高可达 50Mbps。目前国内主流的视频网站（如爱奇艺、土豆、酷 6）等网站都开始使用 H.264 编码的 F4V 文件。

FLV：是 FLASH VIDEO 的简称。FLV 流媒体格式是随着 Flash MX 的推出发展而来的视频格式。由于该格式文件极小,质量尚可,迅速替代 RM 成为网络上最常用的视频文件格式之一。优酷、土豆等视频网站常用该格式。

GIF：GIF 图片序列。

H.264：这是继 MPEG4 之后的新一代数字视频压缩格式,同时也是一种数字视频编码标准。其突出特点是在具有高压缩比的同时还拥有高质量流畅的图像。在同等图像质量的条件下，H.264 的压缩比是 MPEG2 的 2 倍以上,是 MPEG4 的 1.5 ～ 2 倍。另外还具有容错能力强、网络适应性强等特点,是一种较适合网络传播的高清格式。

H.264 Blu-ray：用于蓝光刻录 H.264 格式。Blu-ray（蓝光）是目前最先进的大容量光碟格式。

JPEG（Joint Photographic Experts Group,联合图像专家组）：文件后缀名为".jpg"或".jpeg",是最常用的图像文件格式,由一个软件开发联合会组织制定,是一种有损压缩格式,能够将图像压缩在很小的储存空间中,图像中重复或不重要的资料会被丢失,因此容易造成图像数据的损失。尤其是使用过高的压缩比例,将使最终解压缩后恢复的图像质量明显降低。如果追求高品质图像,不宜采用过高压缩比例。但是 JPEG 压缩技术十分先进,它用有损压缩方式去除冗余的图像数据,在获得极高的压缩率的同时能展现十分丰富生动的图像,换句话说,就是可以用最少的磁盘空间得到较好的图像品质。

MP3：一种高压缩比并且音质损失相对较低的音频数据压缩格式。

MPEG2：MPEG 的英文全称为 Moving Picture Expert Group,即运动图像专家组格式,家里常看的 VCD、SVCD、DVD 就是这种格式。MPEG 文件格式是运动图像压缩算法的国际标准,它采用了有损压缩方法从而减少运动图像中的冗余信息。MPEG 的压缩方法说的更加深入一点就是保留相邻两幅画面绝大多数相同的部分,而把后续图像中和前面图像有冗余的部分去除,从而达到压缩的目的。这种格式主要应用在 DVD/SVCD 的制作（压缩）方面,同时在一些 HDTV（高清晰电视广播）和一些高要求视频编辑、处理上面也有相当多的应用。这种视频格式的文件扩展名包括了".mpg"、".mpe"、".mpeg"、".m2v"及 DVD 光盘上的".vob"文件等。

MPEG2 Blu-ray：蓝光盘的 MPEG2 格式。

MPEG2-DVD：刻录 DVD 用的 MPEG2 格式。

MPEG4：".3GP"的专用格式。

MXF OP1a（Material Exchange Format,文件交换格式）：SMPTE（美国电影与电视工程师学会）组织定义的专业视音频媒体文件格式,用于在专业广播电视环境下转换媒体文件。这个格式是一个数据包而非独立映像文件,本质上是一种外壳格式,因而一般不能直接播放。

P2 Movie：输出".MXF"文件,所有使用 P2 卡的摄录一体机均可识别与播放。

PNG（Portable Network Graphics,便携网络图形）：一种图片格式,用于输出图片序列,大小接近 JPEG。

QuickTime：美国 Apple 公司开发的一种视频格式,默认的播放器是 QuickTime Player。具有较高的压缩比率和较完美的视频清晰度等特点,但是其最大的特点还是跨平台性,即不仅能支持 Mac OS,同样也能支持 Windows 系列。

Targa：TGA 格式是由美国 Truevision 公司开发的一种图像文件格式,文件后缀为".tga",已被国际上的图形、图像业界所接受。TGA 的结构比较简单,属于一种图形、图像数据的通用格式,在多媒体领域有很大影响,是用计算机生成图像并向电视转换的一种首选格式。TGA 格式支持压缩,使用不失真的压缩算法。

TIFF（Tag Image File Format）：该图像文件是由 Aldus 和 Microsoft 公司为桌上出版系统研制而开发的一种较为通用的图像文件格式。较常用于扫描仪等设备文件的保存。文件较大，质量很高。

Waveform Audio：扩展名为 ".wav" 的音频文件，通常称为波形文件。这是微软公司开发的一种声音文件格式，在无压缩的状况下文件很大，质量几乎接近 CD 音质，是一种被很多软件识别的通用交换格式。

Windows Media：该格式会有两种文件形式，音频的文件扩展名为 ".wma"，视频文件扩展名为 ".wmv"。它的英文全称为 Windows Media Video/Audio，是微软推出的一种采用独立编码方式并且可以直接在网上实时观看视频节目的文件压缩格式，是一种比较常用的、可以自由调整压缩比与码率的视音频格式。

很多格式诸如 AVI、MOV 都会有许多对应的编码器。Video 选项卡下通常会有 Video Codec（视频编码）下拉列表，其中包括许多不同的编码器，如图 2-202 所示为 AVI 格式对应的编码器列表。

如图 2-203 所示为 MOV 格式对应的编码器列表。

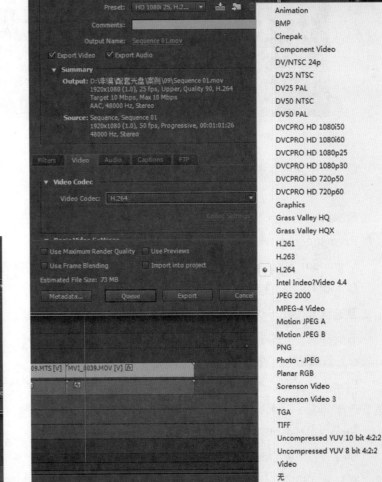

$\oplus$ 图　2-202　　　　　　　　　　　　　　　　　$\oplus$ 图　2-203

其中比较常用的编码器有 DV25 PAL、Photo-JPEG、Animation、H.264、TGA、PNG 等。

练习 9：打开配套资源→案例→ 09 → ExPremiereot_CC.prproj，试着输出几个文件，以便能够比较画面质量和文件大小。

Step 1：单击 Sequence 01，激活时间线窗口。选择 File → Export → Media，弹出 Export 输出对话框，如图 2-204 所示。

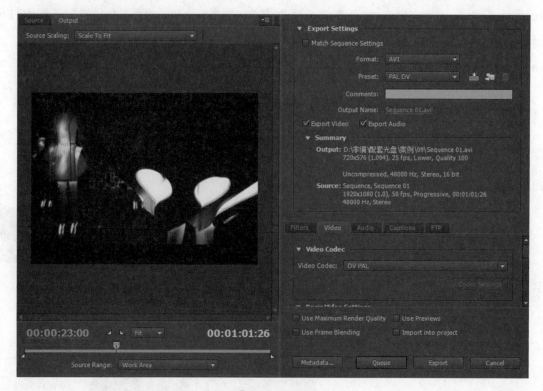

图 2-204

确认左下角的黄条是满格，底下的 Source Range 选项值为 Work Area。

右侧选项从上往下依次是：

Froamt（格式）：选择输出渲染的文件格式。

Premiereeset（预置）：选择预设模板。

Comment（评论）：输出文件的描述。

Output Name（输出名字）：输出文件路径与文件名。

复选框 Export Video（输出视频）、Export Audio（输出音频）：可以勾选输出视频或者音频。

右侧标签每一种格式均会有一定差别，但是 Filters（过滤器）、Video（视频选项）、Audio（音频选项）这几项标签基本都有。当然纯音频格式肯定就不会有 Video 标签了。

Step 2：在右侧选择格式为 QuickTime，预置为 PAL DV，任意选择输出路径与文件名。在下方的 Video 标签下选择 Video Codec 选项值为 DV25 PAL，其余选项均用默认值，如图 2-205 所示。

Step 3：单击对话框右下角的 Export，即可开始输出，如图 2-206 所示。

Step 4：单击 Queue，如果安装了 Adobe Media Encoder，Premiere 会将当前要渲染的文件做成任务包，发送至 Media Encoder。Media Encoder 是 Adobe 开发的一个专门用于渲染输出文件的软件，如图 2-207 所示。

单击右上角的绿色按钮即开始渲染输出。

用 Media Encoder 的优势在于，当任务包发送过来之后，可以利用空出的 Premiere 继续剪辑其他东西，Encoder 可以在后台慢慢渲染而不会影响 Premiere 的继续操作。

Step 5：回到 Premiere 中，再次重复 Step 1 的操作，弹出"输出"对话框。这次选择 Windows Media 作为输出格式，如图 2-208 所示。

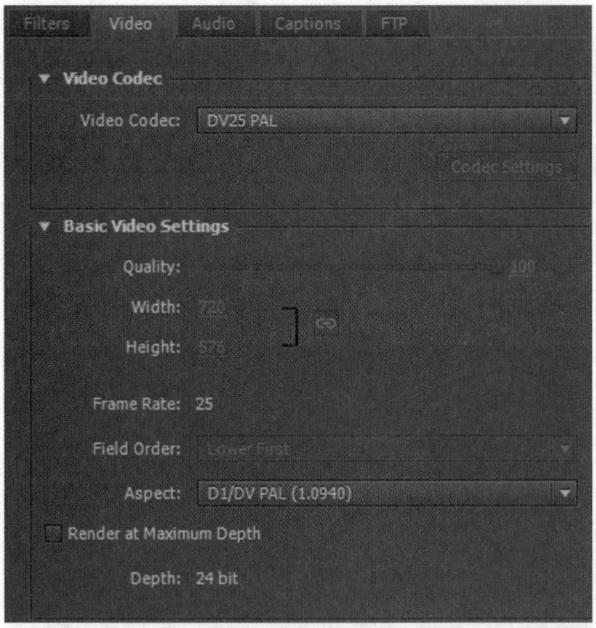

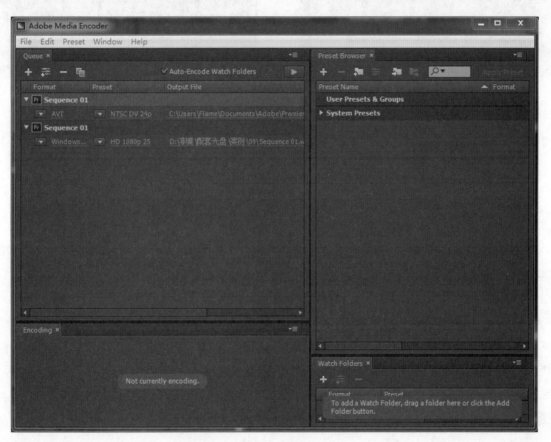

图　2-205

图　2-206

图　2-207

WMV 格式有一个非常大的优点，即码率可调。

Step 6：单击 Video 标签，在该选项卡下方找到 Bitrate Setting（码率设置），如图 2-209 所示。

底部的 Average Video Bitrate [Kbps]（平均视频码率）选项值可以随意调整，一般情况下 5000 ～ 8000Kbps
的码率会得到比较好的画质。

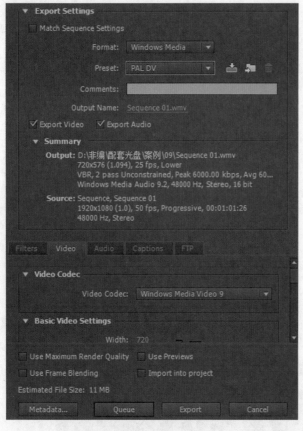

⊕ 图 2-208

⊕ 图 2-209

码率是一个可控参数,稍加计算即可得出大概的文件大小。首先了解 B 与 b 的换算率。B 是 Byte(字节)的意思,而 b 则是 bit(位)的意思。换算起来,1B=8bit。而 1024B=1KB,1024KB=1MB,也就是通常所谓的"兆"。再加上片子的时长,就可以轻易计算出一个片子的渲染文件的大小。

如图 2-209 所示,该 WMV 文件的码率为 1500Kbps,即每秒 1500Kb。换算得 1500Kb=1500/8KB=188.8KB。所以该码率可转换为每秒容量 188.8KB,这个值换算成 MB 即为 188.8/1024=0.184MB,即每秒 0.184 兆比特。由此可以计算得到一分钟为 0.184×60=11MB。另外再计算音频的大小(MP3 的音频码率一般为 128Kbps),全部计算完可以看到该视频时长为 01:01:26,大约 1 分钟,因此估计大小正好为 11MB。

常用的 DVD 的 MPEG2 格式的码率为 8000Kbps(最大不超过 9200Kbps),即大约每秒 8MB。因此,其码率为一分钟为 480MB,一小时为 28800MB(即 2.8GB)。一般一部电影在 90 分钟左右,经过计算得到 43200MB=4.32GB,正好是一张刻录 DVD 的容量。如果时间再长,一般会选择降低码率或使用浮动码率。浮动码率的意思是渲染生成文件时自动根据画面中色彩的丰富程度进行码率的压缩,即码率随画面而变化,可以设置最大、最小和平均码率。

在配套资源下的 ExPremiereot Test 文件夹下有各种格式的文件,如表 2-1 所示。

表 2-1 各种格式的文件

格 式	尺 寸	大 小	格式后缀	画质评级	备 注
AVI(DV-AVI)	标清720×576像素	222MB	AVI	4	Premiere默认采集磁带格式
AVI无损	标清720×576像素	1.33GB	AVI	5	无压缩格式
F4V	768×432像素	13.3MB	F4V	3	在网络传播方面具有很大优势
FLV	768×432像素	6.73MB	FLV	3	在网络传播方面具有很大优势

续表

格 式	尺 寸	大 小	格式后缀	画质评级	备 注
MPEG2	标清720×576像素	36.5MB	MPG	4	DVD格式
MPEG4	标清720×576像素	3.3MB	3gp	1	可以提高level（级别）值以提升品质
QuickTime	标清720×576像素	222MB	MOV	4	苹果系统兼容格式
Windows Media	标清720×576像素	11.7MB	WMV	4	可自己调节码率
H.264	标清720×576像素	23.4MB	MP4	4	
P2 Movie	标清720×576像素	442MB	XMP	5	
TGA序列	标清720×576像素	2.37GB	TGA	5	图片序列

2.8.2 Edius 中的剪辑输出流程

Edius 的输出流程也是类似的。

选择主菜单中的"文件"→"输出"命令，如图 2-210 所示。该菜单项中的各个子菜单的作用如下。

- 输出到磁带：如果设备连接有录像机，可以将要输出的内容实时录制到磁带上。
- 输出到磁带（显示时间码）：与"输出到磁带"作用相同，但视频画面中会显示时间码。
- 输出到文件：选择不同的编码方式将工程输出成媒体文件。
- 批量输出：管理文件批量输出的列表。
- 刻录光盘：创建有菜单操作的 DVD 光盘。

一般情况下，较常用的是"输出到文件"菜单命令。单击"输出到文件"命令，会弹出一个对话框，如图 2-211 所示。

⊕ 图 2-210

⊕ 图 2-211

左侧是输出格式，默认的是图中所示的这些格式，大部分格式与 Premiere 中的输出文件格式相同，其中 GF 和 GXF 格式的性质与 MXF 格式的性质相同，是一种"通用交换格式"。XDCAM 是一种高品质的输出格式，主要用于 SONY 系列摄像机。其他格式与 Premiere 中基本保持一致。

从左侧栏选择要输出的格式,右侧窗格中可以选择输出器,输出器的性质与 Premiere 中的编码器相同,之后单击"输出"按钮即可。

也可以单击"添加到批量输出列表"按钮,将该项目与其他项目一起进行批量输出。这种功能类似于 Premiere 中的 Media Encoder,可以将工程的不同序列导入输出器中,然后进行渲染,中间可以进行其他操作。

下面以 MPEG 格式为例进行说明。单击"输出"按钮之后,弹出的对话框如图 2-212 所示。

🔖 图　2-212

选择输出位置,设置输出的品质之后,单击"保存"按钮,就可以将工程输出成媒体文件了。输出的"基本设置"选项卡的"视频设置"选项区中,"大小"选项是指画面大小,默认与工程文件相同;"质量/速度"可设置输出文件的质量与速度,"比特率"选项中的 CBR 和 VBR 分别表示固定码率和可变码率。其他设置基本与 Premiere 中的相同。

2.8.3　Vegas 中渲染文件的输出

在 Vegas 中,单击菜单中的 Render As... 命令,即可弹出"渲染"对话框,可选择文件名、储存路径、文件格式等。需注意的是,在格式下方有一个 Render Option(渲染选项)→ Render loop Region only(只渲染循环区域)选项,选择该选项,可以只渲染出入时间范围内的内容。

完成选项设置后,单击右下角 Render 按钮,即可开始渲染。

除了直接渲染之外,几种软件都有导出（Export）的功能,该功能往往不同于直接渲染文件,可以导出其他格式或者类型的内容,如图 2-213 所示。

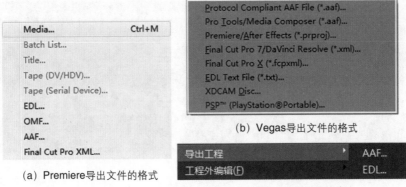

(a) Premiere导出文件的格式

(b) Vegas导出文件的格式

(c) Edius导出文件的格式

　图　2-213

　　图 2-213 中显示了三种软件分别可以导出的文件格式。其中 Premiere 和 Vegas 均可输出 Final Cut Premiere 工程文件的 XML 格式，Vegas 可以直接输出 Premiere 的工程文件 Prproj 的格式。而 Edius 只能输出 EDL 格式和 AAF 格式。EDL 格式是较常见的不同软件之间转换的文件格式，全称为 Edit List（剪辑列表）。该文件将工程中每一个镜头剪辑片段的时间点记录下来，然后输出成便于识别的文件，其他软件可以通过 Import 命令导入 EDL 表并获得剪辑片段，然后重新链接素材文件，即可在不同软件之间交换剪辑序列。

第3章
数字剪辑的特效艺术

Premiere 和 Edius 都是剪辑软件,因而特效功能都不太强大,与专做特效的 AE 等软件尚有较大差距,但也能进行一些简单字幕和特效的制作,足以满足日常栏目和节目的需求。例如,《康熙来了》等综艺节目中的许多特效,都是可以直接在非线性编辑系统中完成的。

3.1 数字剪辑中的字幕

3.1.1 Premiere 中字幕的制作

Premiere 中的字幕制作是通过弹出浮动字幕机窗口来完成的。

在 Project(项目)窗口中右击空白处,在弹出菜单中选择 New Item → Title... 命令,即可弹出 New Title(新建字幕)对话框,如图 3-1 所示。

该对话框显示的内容包括

● Video Settings(视频设置):可进行视频的设置。

➤ Width(宽):字幕宽度。

➤ Height(高):字幕高度。

➤ Timebase(时基):字幕视频的帧速率。

➤ Pixel Aspect Ratio(像素宽高比):字幕视频画面的像素宽高比。

● Name(名字):设置字幕文件的名称。

单击 OK 按钮,进入字幕机设置界面,如图 3-2 所示。

该界面左侧是工具栏区;中间是字幕制作区;下方是字幕类型预设区;右侧是字幕属性调整区。

1. 工具栏

工具栏中的工具如图 3-3 所示。

第一栏为 Selection Tool(选择工具)、Rotation Tool(旋转工具)。

第二栏为 Type Tool(文字工具)、Vertical Type Tool(垂直文字工具)、Area Type Tool(区域文字框

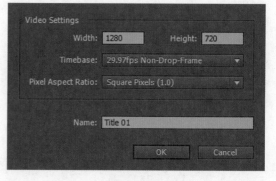

🕂 图 3-1

工具）、Vertical Area Type Tool（垂直区域文字框工具）、Path Type Tool（路径文字工具）、Vertical Path Type Tool（垂直路径文字工具）。

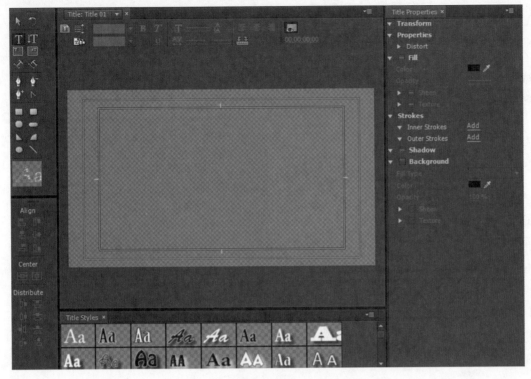

❶ 图　3-2　　　　　　　　　　　　　　　　　　　　　❶ 图　3-3

第三栏为 Pen Tool（钢笔工具）、Delete Anchor Point Tool（删除锚点工具）、Add Anchor Point Tool（增加锚点工具）、Convert Anchor Point Tool（转换锚点类型工具）

第四栏为 Rectangle Tool（长方形工具）、RoundEdius Corner Rectangle Tool（圆角长方形工具）等各种图形工具。

工具栏下方面板中包括了各种对齐方式，如图 3-4 所示。

Align（对齐）：有六种对齐方式，用于两个字幕框的对齐。

Center（居中）：分为纵向居中和横向居中。

Distribute（散布）：有八种排列方式，用于将三个以上的字幕框平均分布于画面中。

2．中间的字幕制作区

中间的字幕制作区除了最中央的绘制画面区之外，还有上方的一些快捷工具。

New Title BasEdius on Current Title（基于当前字幕创建新字幕）：此功能可以在保留当前字幕所有设置的前提下创建新字幕。该工具适用于需要建立一系列字体、颜色、大小完全一致的字幕群。例如，一档栏目在左下角相同位置出现不同的人物姓名。建立完第一个之后，可以用该按钮建立第二个、第三个，然后这一系列的字幕会在 Project 窗口中出现，以便拖到不同的时间，对应相应人物的出现。

Roll/Crawl Options...（滚动 / 平移选项）：字幕创建完之后，通过该工具设置字幕为上下滚动或者左右平移的运动方式。

Templates（模板）：单击后，弹出一个对话框，可以选择保存过的自制字幕样板，也可以下载其他人做好的字幕模板供自己使用。

❶ 图　3-4

其他按钮功能比较直观,因而只做一下简单介绍。

Bold:加粗。

Italic:倾斜。

Underline:下划线。

Size:字幕大小。

Kerning:字间距。

Leading:行间距。

Left:左对齐。

Center:居中对齐。

Right:右对齐。

Tab Stops…:字幕框起止位置。

单击 Tab Stops… 会弹出对话框,可以依次选择每一行字幕的左侧起始位置和右侧终止位置,如图 3-5 所示。

Show Background Video:显示背景视频。

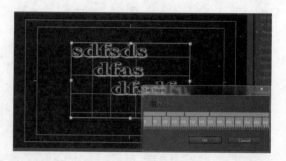

图 3-5

3.字幕属性调整区

字幕属性调整区包括多个选项区,分别说明如下。

(1) Transform 选项区

Transform(变换)选项区的参数如图 3-6 所示。

Opacity(不透明度):调节字幕透明的程度。

X Position(X 轴位置):调节字幕框 X 轴横向的位置。

Y Position(Y 轴位置):调节字幕框 Y 轴的位置。

Width(宽度):缩放字幕宽度。

Height(高度):缩放字幕高度。

Rotation(旋转):设置字幕旋转的角度。

(2) Properties 选项区

Properties(属性)选项区下的参数如图 3-7 所示。

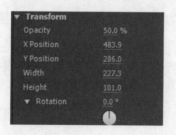

图 3-6

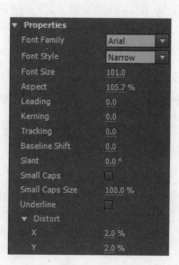

图 3-7

Font Family（字体）：选择字体。该选项只支持英文字体的显示，不支持中文字体的显示。但可以从下拉列表中选择中文字体。

Font Style（字体风格）：部分英文字体可以设置为 Regular（常规）、Bold（加粗）、Narrow（变细）等各种字体风格。

Font Size（字体大小）：调节数值可以控制文字的大小，可在字幕框中选择某一文字进行单独的大小调节。

Aspect（宽高比）：调节数值可以改变字体的宽高比。

Leading（行间距）：设置相近两行之间的距离。

Kerning（字间距）：设置相近文字之间的距离。可单独调节两个文字之间的距离。

Tracking（轨迹）：整体控制字间距。

Baseline Shift（基线偏移）：设置文字偏离字幕基准线的距离。可以单独调节某一文字的偏移量。

Slant（倾斜）：使文字倾斜。

Small Caps（大小写）：进行英文大小写的切换。

Small Caps Size（字母大小）：设置英文字母的大小。

Underline（下划线）：为文字添加下划线。

Distort（变形）：X 数值用于调节文字使之上部或者下部缩小；Y 数值用于调节文字使之左侧或者右侧缩小。

（3）Fill 选项区

Fill（填充）选项区下的参数如图 3-8 所示。

Fill Type（填充类型）：用于设置字体的颜色填充类型，默认为单色填充，可以选择渐变色、多点填充等其他选项。

Color（色彩）：调整所选字幕的颜色。

Opacity（不透明度）：设置文字的透明度。

Sheen（光泽）：选中该选项后，文字中间部分会出现一道光泽线，下面的几个参数可用来调节光泽颜色、大小、角度、位置等。

Texture（材质）：选中该选项后，可以选择图片并填充在文字表面，形成图案化的文字效果。

（4）Strokes 选项区

Strokes（描边）选项区下的参数如图 3-9 所示。

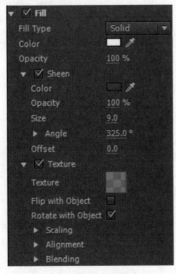

　图　3-8

　图　3-9

Inner Strokes（向内描边）：选择 Add 选项，可以沿字幕文字轮廓内侧创建描边，下层菜单中可以选择描边的类型、大小、色彩、透明度等。

Outer Strokes（向外描边）：选择 Add 选项，可以沿字幕文字轮廓外侧创建描边，下层菜单中可以选择描边的类型、大小、色彩、透明度等。

（5）Shadow 选项区

Shadow（阴影）选项区下的参数如图 3-10 所示，用于设置字幕的阴影效果，可以设置阴影的色彩、透明度、角度、距离、大小、扩散度等。

（6）Background 选项区

Background（背景）选项区下的参数如图 3-11 所示，用于设置字幕背景的填充类型、色彩、透明度、光泽、材质。

⊕ 图 3-10

⊕ 图 3-11

下面通过案例来了解字幕机的基本功能。

练习 10：打开配套资源案例 10 下的工程文件"Title.Prproj"。

Step 1：在项目窗口空白处右击，从弹出菜单中选择 New Item → Title... 命令，弹出字幕编辑窗口。

Step 2：单击界面左上角的 Type Tool（打字工具）▣，再到画面中间单击，然后输入文字"蛋糕"。

Step 3：单击界面左上角的 Selection Tool（选择工具）▧，回到画面中间的字幕处并拖曳字幕，将其移动到界面右下角，如图 3-12 所示。

Step 4：鼠标指针移动至字幕机右侧 Transform 选项区的 Opacity（不透明度）的黄色参数位置，改变其数值为 50%，使字幕变半透明。

⊕ 图 3-12

Step 5：双击字幕框，自动切换至工具 Type Tool，选择文字"糕"，调节其 Font Size（字体大小）数值至 60，使字幕变小。

Step 6：单击 New Title BasEdius on Current Title（基于当前字幕创建新字幕）▣，弹出一个对话框，单击"确定"按钮，创建新的字幕 Title 02。单击"蛋糕"字幕，按 Del 键将其删除。

Step 7：单击 Path Type Tool（路径文字工具）▨，鼠标指针变为钢笔状。在中央字幕制作区单击来创建路径的起点，再单击可以创建第二个路径点，继续单击并拖曳创建第三个弧形路径点，再创建第四个路径点，然后输入文字"精制奶酪酱"，调整大小和字体，如图 3-13 和图 3-14 所示。

Step 8：拖曳鼠标选中所有文字，在右侧 Properties（属性）选项区下修改 Baseline Shift（基线偏移）值约为 −40，Font Size（字体大小）约为 30，Tracking（轨迹）约为 20，观察文字的变化。

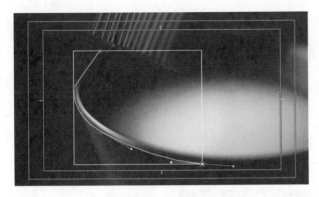

⊕ 图　3-13

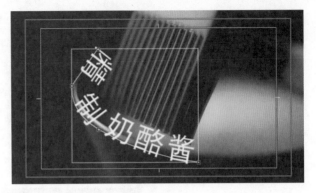

⊕ 图　3-14

Step 9：单击 Add Anchor Point Tool（增加锚点工具）█，在已创建好的文字路径的第一个点与第二个点之间的线段上单击并拖曳，添加一个路径点以改变原有的路径，如图 3-15 所示。

比较遗憾的是，字幕机中只能制作静态字幕，无法制作文字动画。如需要文字动画，可以进入 AE 等合成软件中完成制作，或者在 Effects Controls（特效控制）面板中通过调节特效参数来制作动画。

对于字幕的制作，需要提出一些应特别注意的要点。在剪辑诸如预告片、演示片、包装片等形式的短片时，除了要注意画面、内容、台词、音乐之外，字幕的制作也很重要。几乎每一部好莱坞电影的预告片都会在字幕上动很多心思，加入符合电影片名和风格的设计元素，这需要剪辑师在剪辑这类影片时要格外注意对于字幕的处理。

制作字幕时需要着重思考以下几点。

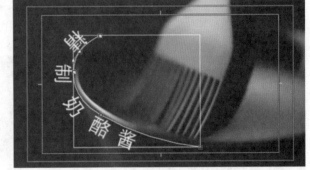

⊕ 图　3-15

- 字体；
- 颜色或材质；
- 装饰；
- 排版；
- 动作。

下面举例说明。如图 3-16 和图 3-17 所示分别为《怪兽大学》和《怪兽电力公司》两部预告片的字幕，两者在字体、颜色、排版上都进行了精心的设计，并且保持了一贯的风格。

应注意，字幕中的字体，原则上应选择与预告片内容或形式相符的字体。除了图 3-17 中的 Disney 和 PIXAR 是作为公司 Logo 出现的，其他英文字体都选择了与第一部预告片风格相近但是又略有区别的字体。Monsters 和 3D 以及 University 的字体都略有区别。

⊕ 图　3-16

⊕ 图　3-17

在色彩上，字体保持了蓝色、白色、黑色作为主基调，只是运用的位置不同而已。

装饰性方面，比较简单地在 M 中间加了个眼睛，作为对主角"大眼仔"的提示。另外 M 字号也比其他字幕的字号要大。

排版上，将出品与制作公司的 Logo 放在上方，中间是片名，这是中规中矩的排版风格。

镜头的动作是从镜头方向冲进画面并定格，然后再冲向镜头并遮挡转场为下一画面。

再比如，如图 3-18 ～图 3-20 所示为《变形金刚》、《变形金刚 2》、《变形金刚 3》三部预告片的字幕。从这三个字幕可以看出，《变形金刚》系列电影的预告片中所使用的字体都是完全一致的。

图 3-18

图 3-19

图 3-20

（1）在颜色和材质方面，则从第一代的旧金属质感，再到第二代加入了金属烤蓝的质感，然后到第三代变成空心描边的字体效果。

（2）从装饰性角度而言，均使用了镜头光斑的特效从文字上划过，形成统一的视觉观感。

（3）在动作方面，每一部预告片在 Transformers 标题出现时都使用与电影内容统一的机械变形这一技法，变形得到标题文字，但细节上略有不同，具体可以观看配套资源中案例 10 下的三部预告片。

不只是电影预告片中会涉及字幕的制作，MV 中的字幕也非常重要，如图 3-21 所示。

字幕的字体、排版、色彩都经过精心设计后，与 MV 中的动画形式非常统一地融合在一起，协调而有情调。

总而言之，字幕创作时，在照顾剪辑的内容以及形式感的同时，还要考虑以上介绍的多个要点。合理地处理字幕，能够为剪辑的片子提升精细度和完整性，是一个绝不能轻易忽视的环节。平常观影过程中，不只要注意学习剪辑的节奏、镜头的运用，更要注意诸如字幕之类的细节，并不断积累字幕设计的方法和运动的形式，以便在独立创作的过程中予以借鉴。

⊕ 图 3-21

3.1.2 Edius 和 Vegas 中字幕的制作

非编软件上的字幕机的使用基本方法和界面都很相似，尤其是 Edius 的默认字幕机几乎与 Premiere 中的一模一样，如图 3-22 所示。

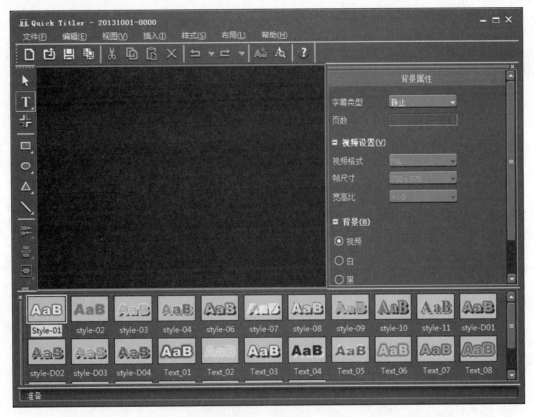

⊕ 图 3-22

Edius 中还有一个可以安装的插件为 TitleMotion，可以用来制作更为复杂的字幕运动方式以及效果。

Vegas 可创建字幕的有多种效果，如图 3-23 所示。

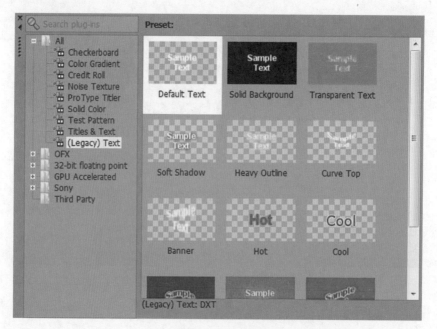

图　3-23

在 All 节点下有 Credit Roll（滚动字幕）、ProType Titler（超级打字机）、Titles & Text（字幕和文本），以及（Legacy）Text（旧系统的字幕）等字幕机，用于创建多种不同类型的字幕。如图 3-24 所示为 ProType Titler 字幕机的编辑界面。

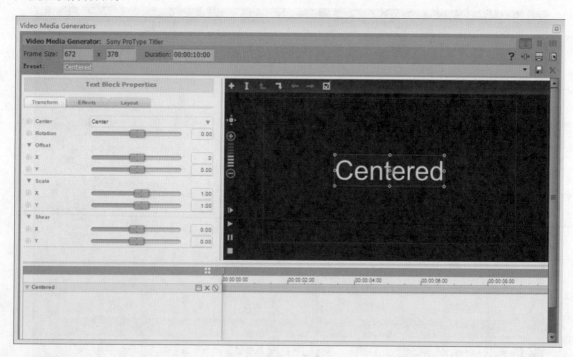

图　3-24

值得一提的是，Credit Roll 字幕机不但可以用来制作片尾滚动字幕，还可以时间序列的方式导入 TXT 文本文件中的文字，将其按照时间顺序一行一行地显示出来，尤其便于进行解说字幕的制作，如图 3-25 所示。

做过电视节目的剪辑师都会有感受，输入唱词是非常烦琐的过程，通常都会由实习生或者唱词公司将节目的同期声先写成文字稿，然后剪辑师在播放时打开字幕机，用 Enter 键一句一句地控制其播放的时间码，使唱词字幕与画面声音得以匹配。

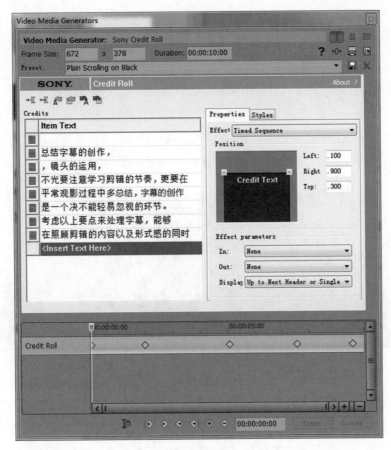

$\bigoplus$ 图 3-25

除了专业的字幕机之外,非线性编辑软件中的字幕效果或插件都做不到这么方便地进行大段解说词字幕的准确定位。Vegas 软件中的 Credit Roll 字幕机也只能是平均分配每一句的时间码,而不能自主分配。

这里推荐一个 Premiere 插件——Premiere Title Creator,这是一个小程序,可以将 TXT 文档和制作好的 Premiere 中的字幕文件一起导入系统中,该软件就会根据字幕文件的字体、大小、位置,将 TXT 中的每一句话都制作成字幕文件序列,然后导入 Premiere 中,再批量拖入时间线中去校对位置即可。

3.2　数字剪辑中的调色

专业级别的调色,应当在专业的调色软件和硬件设备支持下完成。

在真正开始调色之前,先介绍一下调色的一些基本概念。

北京电影学院张会军教授曾在《电影摄影画面创作》中写道:色彩的应用,实质是一种经验。这种强调个人的经历和感受对创作的影响,是毋庸置疑的。一个经验丰富的摄影师对色彩的敏感度、对色彩的捕捉能力通常强于初学者。

简而言之,调色是需要对光、色彩的敏感度以及个人的经历和感受的。一旦涉及个人感受,似乎就没有标准可言了。不同观众会喜欢不同风格的色彩,即便如此,经过心理学研究得到的结论是,观众对于色彩的选择依然有着大致范围,超出这个选择范围的色彩就会给观众以虚假的印象。

进一步研究得到的结果是,树木、天空、泥土等日常生活中深深刻画在人们脑海里的色彩,经过大脑的加工和优化,会形成最初的"记忆色"。当屏幕上显示出画面时,观众就会不自觉地将其与大脑中的"记忆色"进行比较。只有屏幕显示颜色与"记忆色"相匹配时,观众才会接受,并产生满足感;反之,观众就会认为虚假,感到不安,甚至会反感。

1980 年的《心理学报》第四期上刊载了中国科学院心理研究所、中央新闻纪录电影制片厂、北京电影学院的儿位教授、研究员的论文——《彩色片常见物体记忆色及宽容度的研究》。通过进行大量调查,文章得出的结论是:人们喜爱的不是真实肤色的准确还原,而是在色调上稍向橙色偏移。其他色彩也有相应的偏转,例如观众喜欢的蓝天和大海,要比真实的蓝天大海饱和度更高、更艳丽,如图 3-26 所示。

⊕ 图 3-26

因此,调色的目的就显而易见了:将真实拍摄的画面进行修正和修饰,令观众更容易接受。当然对于纪录片等片种而言,调色不一定是导演或者观众喜爱的东西,"适度"就成为调色的关键所在。初学者往往容易将画面调得特别艳丽或者特别亮,这时候就要闭眼休息,缓一缓再回来看画面是否能带给眼睛一种愉悦感,能否传达导演的意图。

剪辑师不一定要求具有多么高深的知识以及特别专业的操作技能,但对剪辑的基本原理和概念依然要了解,否则对于自己的审美倾向和价值判定容易产生误导。

调色的判断标准分为客观技术和主观艺术两个层面。

客观技术层面的色彩校正主要是依据电影、电视色彩还原的相应技术指标参数的校准,对前期拍摄中的瑕疵如偏色、曝光过度等进行弥补,使前期拍摄的画面得到最大限度的色彩还原,以期达到电影、电视画面播出的指标要求。

主观艺术层面主要是基于影片整体基调、风格、情绪等因素对视觉色彩进行调整,通过画面色彩来控制画面情绪,并形成影调风格,从而创造出影片整体的视觉效果和气氛,引起观众的视觉注意和心理感应,以达到影像色彩的艺术"表现"。正如影片《斯巴达三百勇士》中剪辑师为了呈现出极具史诗感的惨烈历史时刻,影片色调运用了浓烈的史诗油画般的感觉,对全片的色彩进行二次创作,从而为观众带来了全新的视觉感受。这也是调色的魅力所在。

调色的一般思路分为两个阶段:第一阶段为还原,即还原拍摄内容的整体色彩和细部色彩;第二阶段为表现,即根据导演的要求和剪辑师对于镜头的理解,运用不同的手段来修饰画面。

对于剪辑软件而言,其自带的调色功能仅能完成一些难度不大的修正工作。当然可以使用插件来强化剪辑软件的调色功能,例如 Looks 之类的插件都是 AE 与 Premiere 中可以通用的。在剪辑软件中实现调色功能的强化,不仅有利于流程的简化,也有利于后期制作阶段效率的提升。

下面介绍 Premiere 的 Video Effects 面板中自带的与调色相关的特效。

一般从流程上来说,调色分为一级调色与二级调色,也可称为整体调色和局部调色。在非线性编辑软件中,大部分的效果器都是用来进行整体调色的,只有小部分可以深入到局部进行调色。

练习 11:打开配套资源→案例→ 11 → color correction.prproj,可以看到素材中有两张图片。先以照片为例来说明与调色相关的知识,以方便后续对于视频的处理。

首先观察照片 sample1.jpg。可以看到由于天色的原因,相机自动曝光的能力已经不足以拍下当时的风景。整个照片发灰、发暗,并且色彩也不够鲜艳。这不光是拍照时容易发生的状况,摄像时也会出现同样的情况。

(1) 色彩的还原

下面先进行色彩还原的工作。

Step 1:依次选择 Video Effects → adjust → levels,将其拖动到时间线"原素材"序列中的 sample1.jpg 片段上。

Step 2:在主菜单中选择 Window → Effect Controls(特效控制)命令,如图 3-27 所示,可以看到 Levels 效果器已经被放置在镜头 sample1 上,如图 3-28 所示。如果 Effect Controls 已经打开,在 Source(源)监视器一栏可以找到该标签。

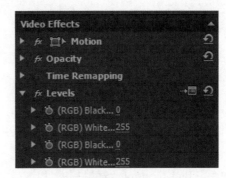

🔷 图 3-27　　　　　　　　　　　🔷 图 3-28

Step 3:单击 Levels 效果器后方的 Setup 按钮,弹出 Levels Settings 对话框,如图 3-29 所示。

单击中间部分白色的三角,将其拖到黑色柱状图最右侧的位置;单击左侧黑色的三角,将其拖到黑色柱状图最左侧的位置,如图 3-30 所示。

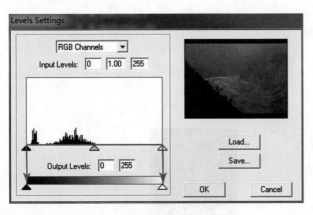

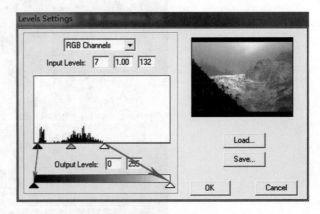

🔷 图 3-29　　　　　　　　　　　🔷 图 3-30

这样,第一阶段的调色就完成了,此时对比两个调色前与调色后的画面就能明显发现整体明暗分布的变化与视觉上亮度的变化。

Levels 效果器中间 Input Levels(输入色阶)的部分会显示为柱状图,黑色的波浪部分就是画面中的点在电平上的分布。电平在数量上被分为 0 ~ 255 一共 256 个等级。例如,画面中电平值为 128 的点有 2000 个,那么这条黑线的高度就是 2000。以此类推,每一个电平值都会代表相应点的数量。在中间柱状图部分,左侧代表最黑,也就是电平最低的点;右侧代表最白,也就是电平满值的点,每一个电平中点的数量用黑线标高,从而形成波浪状的图表。

再以 Sample1.jpg 的照片去分析。画面中最亮的点的电平值在 128 左右,因此我们看到的黑色线最右侧就只能到图表的一半位置。而最暗的点大约是在 20 左右,因此最左侧的黑线离左边缘稍微有点距离。

调节 Levels 需要做的就是让最亮点(电平值为 128 左右)接近白色满值,最暗点(电平值为 20 左右)接近黑色零值。具体的操作就是拖动白色的三角形到最亮点位置,拖动黑色三角形到最暗点位置,即可达到上述要求。

再看调节 Levels 之后的画面,画面正中央的积雪就是最亮的部分,已经接近白色,而左下角树林中最暗的部分也接近灰色。整个画面在视觉上不仅是变亮了,对比度也提高了,画面亮度层次也更丰富了。这就是 Levels 效果器的作用。

除了两侧的黑白三角,中间的灰色三角形也非常重要,这个灰色在调色上有一个专门的名称,叫做"中间灰"。选择灰色三角形并往左边拉,会让整个画面变亮,这个操作就是把原来的暗色调成中间灰。相对应地,原来的灰色部分就会变亮,而且亮部层次增多,画面整体也会提亮。反之,往右边拉会让画面整体变暗,原理类似。

图 3-29 和图 3-30 中有两个红色箭头,分别指示了黑白三角的不同位置与最暗和最亮值的对应关系,这有助于理解 Levels 的效果。

下面继续进行第二阶段的调色。

Step 4:拖动 Video Effects → Color Correction → RGB Curves(RGB 曲线)至"原素材"序列 Sample1.jpg 片段上。

Step 5:单击 Effect Controls 标签打开对应面板,单击 RGB Curves 前面的小三角,打开效果器,可以进行详细参数的调整,如图 3-31 所示。

Step 6:单击 Master 区域的白线,单击生成调节点之后再拖曳,将白线调成 S 状,如图 3-32 所示。

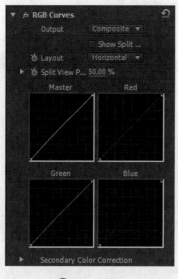

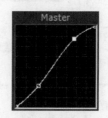

图 3-31   图 3-32

现在观察照片画面的亮部和暗部会发现,左下角暗部会变得更暗,右侧的亮部却会提亮。

下面介绍画面变亮或变暗的原理。

Curve 曲线是一个坐标轴体系，X 轴是原画面的亮度（输入亮度），Y 轴是调色后画面的亮度（输出亮度）。默认情况下，Master 以及其他坐标轴中都是一条 Y=X 的 45°直线。而调整这条线就可以改变原画面亮度和调色后画面亮度的关系，也就意味着调节了原画面。

如果把左下角的坐标原点看作亮度 0，这个网格的最右侧看做是亮度满值 255，可以看到从左到右是亮度从 0～255 的线性增加的过程，即亮度从暗到亮的变化过程。也就是说，曲线左侧是画面的暗部，右侧则是画面的亮部，中间就是中间调部分。S 形曲线意味着左侧曲线下压，如果原亮度值为 20，调节后亮度值比 20 要低，表现在视觉上就是画面暗部变暗。而曲线右侧提高，假设原亮度值为 200，拉高曲线后 Y 值就会高过原 X 值即 200，表现在画面上就是亮部更亮。

画面直接表现出来的影像效果是：亮部更亮，暗部更暗，这意味着亮部与暗部的比值变大了，即对比度增加了。

如果剪辑师是一位对曲线工具非常了解的调色师，那他就能对画面的亮部、中间调、暗部进行色彩分析，然后再使用红色、绿色、蓝色曲线对各个部分进行细节的色彩修饰，这里涉及比较专业的调色知识，可以参考专业的调色书籍。

实际上，所有调色的操作都会直接影响到画面在示波器中的显示，如图 3-33 所示。

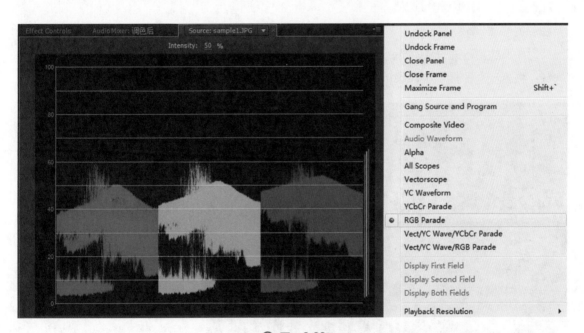

☉ 图 3-33

单击源监视器右上角的下三角按钮，可以弹出一个菜单，选择 RGB Parade（RGB 检测）命令，监视器画面会调整为示波器中对 RGB 三个色彩通道的监测。

如图 3-34 所示为对 Sample1.jpg 调色后显示的示波器画面。

可以看到，原来画面中三个通道的最高值都在 60 左右，经过上述调色操作后，亮部基本都达到了 100 的满值。而暗部也基本达到最低值。

注意观察三个通道的检测值，在 100 的横线上，都有红、绿、蓝三色堆积在顶部的横线上。这些就是原画面中较亮的点，在经过 Levels 调色之后，都达到了 100 的满值并堆积在顶部。因为这些点数量稀少，所以在 Levels 中调色时，黑色线因为很短而被忽略掉了。

对于示波器的了解和观察又是另外一种调色时格外需要重视的能力，示波器上还有 Vectorscope（矢量示

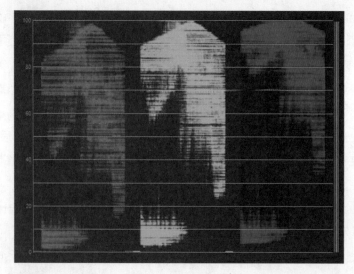

⬆ 图 3-34

波视图)、YC Waveform（分量波形）等其他信息。要深入学习调色，就需要掌握在调色时随时观察这些示波器上的内容方法，从而控制如何进行调色。

（2）色彩的实现

下面要对画面的色彩进一步调整。

Step 1：将源示波器调整为 Vectorscope，如图 3-35 所示。

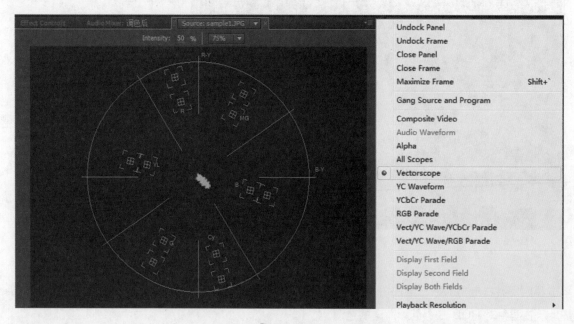

⬆ 图 3-35

从示波器的视图中可见，画面的色彩显示为画面中间有一些绿色的光斑，周围不同的方向代表了不同的颜色。目前可见画面略偏向 B 方向，即偏蓝色方向，并且光斑非常集中，意味着画面的色彩饱和度比较低。表现在画面上就是所谓的"不鲜艳"。

Step 2：拖动 Video Effects → Adjust → ProcAmp 效果器到"原素材"序列 Sample1.jpg 片段上，单击 Effect Controls 命令打开相应的对话框，单击小三角图标打开各个参数，如图 3-36 所示。

ProcAmp 效果器下方的参数可以调节亮度、对比度、色相以及饱和度等。

Step 3：调节 Saturation（饱和度）的值至 135 左右。

可见画面色彩立即变得艳丽起来，山上的云雾部分会变蓝，而树木部分会变为墨绿色。可以通过反复单击小三角后面的 *fx* 按钮来观察有效果器和没有效果器时的画面色差。

Step 4：单击 Program（项目）监视器右上角的按钮，选择 Vectorscope，可以观察到调色前后 Vectorscope 视图中绿色光斑的范围变化。与图 3-35 相比，调色后绿色光斑明显扩散得范围更广，意味着画面饱和度有所提升，如图 3-37 所示。

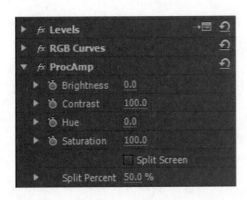

☻ 图 3-36

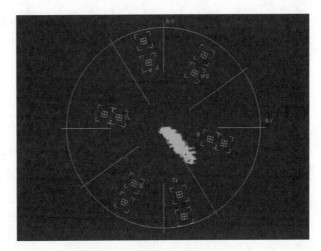

☻ 图 3-37

饱和度提升后，画面原来的偏色问题被放大，观众视觉上会产生不舒服的感觉，因为积雪的山峰与观众记忆中的颜色严重不符。因此下一步调整就要修正亮部和中间调过多的蓝色，同时适度增加暗部的绿色。

Step 5：拖动 Video Effects → Color Correction → Three-Way Color Corrector（三部调色器）效果器至 Sample1.jpg 上。选择 Effect Controls 菜单命令，在打开的对话框中展开具体参数，如图 3-38 所示。

Step 6：单击三个圆环的中心点，并拖动到图中所示位置。

观察画面，蓝色倾向明显减弱，积雪变白，树林更绿。

Three-Way Color Corrector（三部调色器）效果器是通过三个色轮分别控制 Shadows（阴影）、Midtones（中间调）、Highlights（高光部）的色倾向。在 Step 6 的调节中，Shadows 部分向绿色偏出，而 Midtones 和 Highlights 部分都向蓝色反向偏出，这意味着暗部更绿，而中间调和亮部蓝色变浅。实际应用时，每个色轮的中心点要拉开多少，应视画面状况而定。

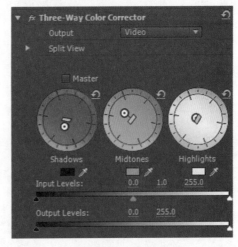

☻ 图 3-38

还有一个较简便的校正色偏的方法，单击图 3-38 中色轮下方的吸管，分别找到画面中的最亮部、中间调以及最暗部，用吸管吸一下，调色器会根据吸到的颜色自动进行调整，并将颜色校正至纯白色、灰色以及纯黑色。

调色是一个很主观的过程，除非已经积累了大量的实践经验，否则只能靠眼睛反复观察画面，才能得到一个令自己感到舒服的结果。例如上述案例中，也会有人觉得雪山偏蓝一点更有冷的感觉，这就属于艺术表达性的调色。

当然，一个显示准确的显示器也非常重要。如果显示器本身有偏色或者其他问题，是不可能得到一个好的调色结果的。

素材中的 Sample2 可留做练习用,可以试着将其调为白色,或者调为其他色,然后观察亮、暗、中三部的各种变化。

Premiere 中的调色功能还有很多,通过以上案例介绍的都是比较常用的功能,即便如此,剪辑软件的调色功能仍然没有 AE 等合成软件或是专业调色软件中的调色功能强大、易用。如果想要获得更好的调色效果,就应该更换软件平台,并且应更专业地、系统地、深入地学习调色。

本书配套资源中案例 11 子目录下还有一些视频素材,可以用于调色练习。

第 4 章
多片种剪辑实践

软件操作作为学习剪辑的第一阶段,其重要性不言而喻。大家把配套资源中的练习全部做完后,对于 Premiere 等非编软件的操作就有了基本的了解。

本章主要探讨的是如何通过剪辑并制作出影片。

打开配套资源→案例→ Hollywood → camera.work.the.master.course.vol1.i.avi 文件,该片为美国好莱坞一家公司用三维动画制作的摄像技巧大师级教程,一共分为 6 集,本书配套资源中的是第一集,介绍了视听语言相关的概念与基本的惯例。

下面介绍一下影视剪辑中必须掌握的一些基本概念。

1．景别

景别指由于摄影机与被摄体的距离不同以及摄影机的焦距不同,而造成被摄主体在画面中所呈现出的范围也不同,通常以人物在画面中被截取的部位多少来划分,一般分为五种,由近至远分别为特写、近景、中景、全景、远景。

特写通常指对画面主体的细节进行拍摄,比如脸部、手部等。

近景一般指被摄人物在画面中要截取到胸部以上。

中景一般指被摄人物上半身充满画框。

全景是指被摄物体在画框中"顶天立地",充满画框;可以是人,也可以是一幢楼。

远景一般指画面景物和人物离摄像机较远,一般人物不超过画面高度的 1/2。

另外还有其他一些景别,如演员介于腰部和胸部之间充满画框的中近景,再比如对演员手指、鼻尖、眼角等某一部位拍摄的大特写,截取到膝盖位置的中全景等。

2．镜头运动

镜头运动有五种基本形式:推、拉、摇、移、跟。

推:指保持摄像机机位不变,由拍摄机器焦距作向前的运动拍摄,取景范围由大变小,分快推、慢推、猛推。

拉:指保持摄像机机位不变,由拍摄机器焦距作向后拉的运动,取景范围由小变大,也可分为慢拉、快拉、猛拉。

摇:指摄像机机位不动,机身依托于三脚架的云台作上下、左右、旋转等运动,使观众如同站在原地环顾、打量周围的人或事物。上移也叫升,下移也叫降。

移:又称移动拍摄。从广义说,运动拍摄的各种方式都为移动拍摄。但在通常的意义上,移动拍摄专指把摄影机、摄像机安放在运载工具上,在移动中沿水平面拍摄对象。

跟：指跟踪拍摄。跟拍的手法灵活多样,它使观众的眼睛始终盯牢在被跟摄人体、物体上。

除了以上五种形式外,还有其他形式,比如甩(甩镜头),也即快速摇镜头,指从一个被摄体甩向另一个被摄体,用于表现急剧的变化,经常作为场景变换的手段。还有将推、拉、摇、移中的几种方法结合在一起使用的综合拍摄方式。

3．镜头角度

镜头角度分为正面、侧面、背面、平视、仰视、俯视等几种情况。

正面：指镜头对着被摄物体的正面拍摄,通常用于介绍人物的全貌、表现面目表情等。

侧面：指镜头与被摄物体正面成 90° 左右的夹角,通常用于表现运动、动作、人与人之间的交谈。

背面：指镜头对着被摄物体的背面拍摄,通常适合表现人物与背景的关系,一般用来制造悬念。

平视：指的是镜头与被拍物体处在同一水平高度,通常用来表现平等、平静、客观、公正等。

仰视：指的是镜头高度低于被摄物体,被摄物体会显得高大,通常用来表达景仰、崇敬等效果。

俯视： 镜头高于被摄物体,被摄物体会显得低矮、渺小、受压迫,通常同来表达贬义的效果。

4．镜头焦距

镜头焦距指的是镜头透镜中心到焦点的距离,可分为标准镜头、广角镜头和长焦距镜头等。在摄影机相对固定的情况下,不同焦距拍摄的范围不同。广角拍摄范围最大,因此被摄主体就显得比较小。而长焦拍摄范围最小,相对而言,其被摄主体就会显得很大。

同时焦距还会影响到被摄主体与背景的比例关系。在景别相同的情况下,广角镜头的背景范围较大,内容较多,长焦镜头的背景范围就会很小,内容较少,很有可能造成虚焦的效果。

5．轴

轴用于给摄像机调度位置作参照,通常以两个对话的人面与面所连接而成的一条"线"为轴。

6．越轴

一般情况下,连续拍摄对话素材时,如果前后两个镜头的拍摄位置越过了轴线,就称之为"越轴",一般两人对话时会使画面方向混乱。但是有许多情况下越轴不影响空间感,称之为"合理越轴"。例如前后两个越轴镜头中插入了一个非相同空间的其他镜头,那么越轴就不会影响观众的空间感,即为合理越轴。还有在两个越轴镜头之间插入一个人物运动的镜头,引导摄像机到另一个方向,也可视为合理越轴。另外,可以在两个越轴镜头之间插入远景、大远景或者特写之类轴线不是很明显的镜头,从而淡化轴线,也可视为合理越轴,等等。

影视中的概念还有很多,诸如镜头覆盖、跳切、正反打、蒙太奇等,就不一一列举了。相关概念属于视听语言的内容,可以选择其他相关书目进行学习。

掌握上述内容后,就可以开始针对各种类型的影片进行剪辑的实践学习了。

4.1　故事片的剪辑

故事是剪辑师最容易接触到的内容。即便是新闻,很大程度上也是在"讲故事"。从字面上去理解,讲故事就是在叙述过去发生的事情。因此,剪辑故事就是在动脑思考如何利用空间和时间的结合来讲一个故事。

剪辑理论有很多著名专家的专著，对于影视原理和剪辑技巧有着相当深刻的论述。本书采用的方法是，不再去反复强调许多书上已经写过的理论，而是通过对影视片段进行拉片分析，从而得出符合经典影视理论的结果和剪辑方式，并且更着重于探究为什么要这么剪，换一种剪法行不行，这么剪的意义何在。而不是教条式地教授远景接全景、中景接近景等内容。这种教学方式更接近于传统电视台或者电影剪辑师师傅带徒弟的方式。因为剪辑既是技术工种，更是艺术工种。技术是这个行业的门槛，而艺术才是行业的巅峰。

近年来许多国外的影视剧、宣传片，其剪辑的手段和方式越来越有时代特色，偶尔还会偏离一些经典剪辑的原则。一方面是观众对于影视语言越来越熟悉，导致蒙太奇手段越发成熟而简练，以前经典理论要说的"从前有座山，山上有座庙，庙里有个老和尚和小和尚。一天，老和尚给小和尚讲故事……"，现在可能就简单地说"山、庙，老和尚念经，小和尚睡着了……"观众就已经懂了。甚至于观众更容易接受"有人讲故事？谁？老和尚。谁在听？小和尚"这样的逻辑，因为只要不做特殊说明，和尚必然在庙里，无须特殊解释。

当观众对于这种逻辑的形式越熟悉的时候，就越需要剪辑师去开发新的叙事方法和叙事逻辑来取悦观众。很多作家都会在得意之作后加上一句"以飨读者"，剪辑师其实也一样，创作的目的应是"以飨观众"。

当然，剪辑的核心永远还是故事本身。外部形式再好，故事本身很贫乏，一样不可能成就伟大的影片。

电影《小时代》就很好地说明了这个问题。很多专业影评人从各种专业角度来批判这部电影。但是它就是凭着郭敬明对于人性和时代脉搏的把握而获得了很高的票房。其实其核心的内容与前几年风靡的《奋斗》、《我的青春谁做主》、《北京爱情故事》基本一致，反映的都是年轻人在当代社会中的现状和未来梦想。故而这些影视片能在年轻人中产生强烈的反响。即便郭敬明导演手法再稚嫩，镜头运用再不合理，段落转换再突兀，影片的核心内容表达出来了，观众不一定觉得好，但是一定是有共鸣的，才会"买他的账"，于是他的票房获得成功。道理就是这么简单。

思想和形式，永远是饱受争议的矛盾统一体。剪辑本身是形式，但是剪辑表达出的东西却是思想。所以在剪辑之前一定要想好要表达什么，要表现什么。然后再动手剪，这样不至于一下刀就离题万里，几刀后就使片子变得七零八落。这样的剪辑无疑是失败的。

依次打开配套资源→案例→周传基讲电影→周传基讲电影 .flv 文件，可以看到周教授对于电影导演和剪辑方面的一些观点。

本节截取了好莱坞经典影片《速度与激情》系列 1 ~ 6 部中每一部都出现的赛车场暖场场景中渲染气氛的段落，来分析从 2001 年的第 1 部开始到 2013 年的第 6 部，导演风格和剪辑手法有何不同。

打开配套资源→拉片分析→ 01 →速度与激情 _cc.prproj 文件，软件里有将镜头全部剪开的时间轴序列，可以作为剪辑节奏的参考。速度与激情 1 ~ 3 的选段拉片如图 4-1 所示。

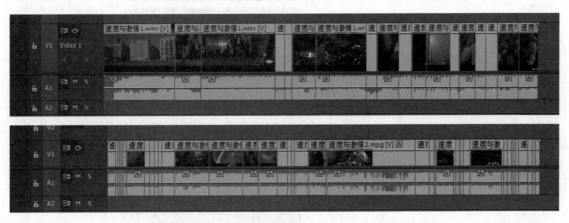

図　4-1

☝ 图 4-1（续）

（1）速度与激情 1（见表 4-1）

表 4-1　镜头分析（1）

镜号	时 长	景 别	摄 法	运 动	画　　面	分　　析
1	11秒，16帧	远景	微仰广角	固定		远景表明转换至新场景，交代时间
2	4秒，5帧	全景（特写）	平，长焦	轻微左摇	 	镜头跟随车的运动向左微摇，结束时绿色汽车向画面左侧开出（未出画面）
3	12秒，1帧	远景	俯，广角	上升	 	摇臂镜头，大全景，展现环境。承接上一镜头，绿色汽车从右侧入画。注意摇臂在上升至高点时，随着汽车倒车而向右下角微摇
4	1秒，14帧	中景	平，长焦	轻微右摇		镜头跟着车引擎盖开启，向右略微摇动。注意与下一镜头的关系

镜号	时长	景别	摄法	运动	画面	分析
5	1秒，4帧	近景	平，长焦	轻微右摇		与前一镜头的角度、内容几乎完全一致，类似于排比，表明有很多车都在做类似的动作
6	3秒，18帧	中景	平，长焦	上摇，右摇		微妙的镜头，从汽车前厢转移到路过的美女，模仿路人的视线并表现其心理
7	8秒，7帧	全景	平	左摇		镜头跟着主角的走动而向左微摇
8	1秒，17帧	中景	微俯，长焦	固定		视线落在成排的美女身上
9	3秒，15帧	特写	后侧，长焦	上摇		特写某美女
10	2秒，4帧	全景	大俯拍	微前移		跟随人群的流动方向而微微向前移动

续表

镜号	时 长	景 别	摄 法	运 动	画 面	分 析
11	2秒，9帧	中景	平，长焦	固定		一美女在擦车
12	3秒，22帧	中景	微仰，长焦	下摇		与前面的上摇、上移镜头形成呼应，但是若直接剪在一起会显得一上一下，不太自然，于是中间夹了一个美女擦车镜头做过渡
13	1秒，13帧	中近景	仰，长焦	固定		主角的中近景
14	2秒，19帧	中景	平，长焦	固定		主角的主观视角，似乎在搜寻什么
15	1秒，16帧	近景	平，长焦	固定		主角的近景，从表情可以看出似乎有点焦急
16	2秒，0帧	中全景	平，长焦	固定		主角继续观察周围人群
17	3秒，6帧	中近景	平，长焦	右摇		主角继续观察周围人群

续表

镜号	时　长	景　别	摄　法	运　动	画　面	分　析
18	3秒，5帧	中近景	平，长焦	略微上摇		主角跟着镜头中人物站起而略微上摇

（2）速度与激情 2（见表 4-2）

表 4-2　镜头分析（2）

镜号	时　长	景　别	摄　法	运　动	画　面	分　析
1	5秒，1帧	全景	仰	固定		一辆皮卡冲着镜头倒退过来，车斗中的人也向镜头两侧跳下，同时又是仰拍，增强视觉冲击力
2	1秒，2帧	全景	俯	固定		三个机位快速交叉剪辑，在增强节奏感的同时，可以表现人物焦急、兴奋、激动的情绪。另外应注意交叉剪辑中的动作衔接，除3、4号镜头之间的动作外，其他镜头的动作都是按照时间和动作无缝衔接的。而3、4号镜头虽然在时间上跳跃了，但是画面内容中的动作是正好可以衔接的，3号镜头结束时是两个男生把牌子抬出，4号镜头正好是女生把路障放下，动作衔接得恰到好处
3	1秒，0帧	全景	仰	固定		
4	1秒，0帧	全景	微仰	固定	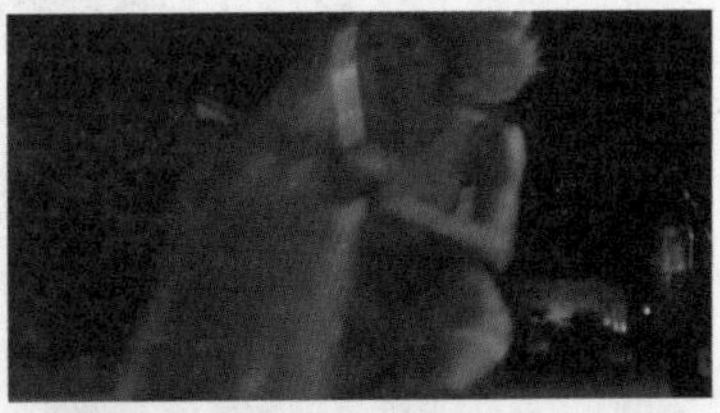	
5	26帧	全景	俯	固定		

镜号	时 长	景 别	摄 法	运 动	画 面	分 析
6	1秒，26帧	全景	微仰	固定		
7	10秒，5帧	全景（特写）	俯	下降	 	在"道路封闭"牌子显示在画面中之前，利用一串快速的动作镜头制造悬念
8	2秒，7帧	全景	微仰	左摇		该镜头用于表现环境。镜头跟随机车飞驰而过，快速左摇，在带出环境的同时，增强了速度感
9	2秒，12帧	中全景	微仰	摇		镜头跟随两个美女的动作先右摇，再下摇
10	2秒，5帧	特写	平	固定		对汽车进行近距离特写
11	2秒，1帧	中全景	仰	固定		继续放"道路封闭"指示牌

续表

镜号	时　长	景　别	摄　法	运　动	画　面	分　析
12	7秒，6帧	特写 （全景）	俯	移	 	再一次放指示牌，两个镜头代表了多次放指示牌
13	18秒，17帧				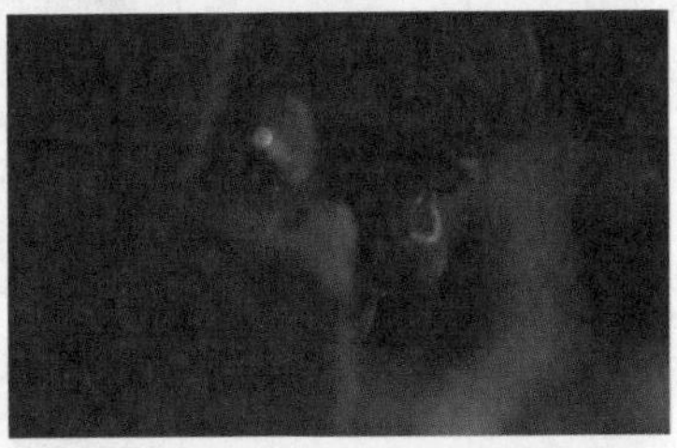	打电话、交谈（另一剧情线，平行蒙太奇）。 注意始终没有表现男主角是谁，用于营造悬念
14	19秒，7帧	大全景	俯	摇		显示出电影标题，用大全景交代时间等，表现了现场的环境和气氛。 注意向右摇动镜头
15	8秒，11帧	中景	俯，平	左移		镜头向左平移，表现一排赛车的前厢
16	10秒，10帧	近景	俯，平	左移，上摇	 	镜头向左平移，再上摇至固定位置，配角车手在谈话

镜号	时 长	景 别	摄 法	运 动	画 面	分 析
17	6秒，0帧	近景	平，仰	移	 	镜头向右平移，再上摇至固定位置，配角车手与组员喊话
18	1秒，28帧	中景	俯	固定		给组员与主角的角度为俯、仰，以便区分他们不同的地位
19	1秒，26帧	近景	仰	固定		
20	7秒，16帧	近景	平	推，上升		三个配角车手的拍摄方法都采用了"运动+上摇至固定位置"的方式
21	9秒，27帧	近景，全景	平	后拉	 	对话段落，正反打，将两条剧情线串联至一起

续表

镜号	时　长	景　别	摄　法	运　动	画　面	分　析
22	5秒，21帧	近景	微俯	上摇		
23	50秒，0帧					
24	7秒，21帧					男主角开车赶来（另一剧情线，平行蒙太奇，镜头不再一一拆分）
25	23帧	近景	平	固定		
26	2秒，21帧	特写	俯	摇，推		跟着音乐的动作将镜头前推
27	1秒，0帧	特写	平	推		音乐响起，美女捂住耳朵，表现了音箱的声音很大
28	10秒，1帧	中景	俯	升，摇，降		表现了3辆赛车在互相炫耀自己的赛车音响

镜号	时　长	景　别	摄　法	运　动	画　面	分　析
29	1秒，16帧	全景	俯	固定		
30	1秒，27帧	远景	俯	固定		
31	28帧	全景	微仰	固定		镜头带点旋转
32	1秒，13帧	远景	俯	固定		
33	4秒，2帧	中景	俯	固定		
34	17秒，15帧					男主角开车赶来（另一剧情线，平行蒙太奇）
35	1秒，11帧	特写	俯	摇		跟着音乐摇晃镜头

续表

镜号	时 长	景 别	摄 法	运 动	画 面	分 析
36	1秒，26帧	特写	平	固定		
37	2秒，7帧	中景	俯	推		
38	25帧	全景	俯	固定		
39	1秒，8帧	全景	俯	固定		
40	1秒，18帧	近	俯	固定		这一段6个镜头都比较短，以加快节奏，从而配合男主角开车赶来的焦急心情，也在提升观众的情绪
41	5秒，1帧					男主角开车赶来（另一剧情线，平行蒙太奇）
42	2秒，21帧	中景	仰	前推		

镜号	时　长	景　别	摄　法	运　动	画　　面	分　　析
43	1秒，17帧	大全景	俯	固定		
44	2秒，16帧	全景	俯	移		3个群众镜头，比前一段节奏略微慢下来一点，紧接着主角就到了

（3）速度与激情 3 之 1（见表 4-3）

表 4-3　镜头分析（3）

镜号	时　长	景　别	摄　法	运　动	画　　面	分　　析
1	3秒，15帧	全景	平	前移		主观视角，正
2	2秒，16帧	特写	平	固定		主角表情，反
3	2秒，16帧	全景	平	前移		主观视角，正
4	4秒，11帧	全景，近景	平	固定	 	主角车，反

续表

镜号	时　长	景　别	摄　法	运　动	画　　面	分　　析
5	2秒，20帧	全景	平	移+摇		前移+右摇，视觉上模仿主角摇头看另一侧的动作
6	27帧	近景	俯	上摇		
7	1秒，7帧	特写	俯	下摇		一上一下形成一组对比镜头
8	1秒，27帧	近景	俯	移		后拉，与5号镜头一个前进、一个后退，形成一组呼应镜头
9	9秒，22帧	近	平	固定		主角在车内交谈
10	13秒，22帧	全景	平	摇+移，复杂运动	 	穿梭镜头，镜头调度较复杂，与剪辑无关。其作用就是表现车与环境

续表

镜号	时 长	景 别	摄 法	运 动	画 面	分 析
11	1秒,18帧	近景	平	上移		变速镜头,以镜头的快慢镜变化而形成节奏
12	1秒,12帧	近景	平	左移		镜头形式同上,在内容上是一个在下、一个在上,相当于采用类比的方式,强化节奏与形式感
13	2秒,28帧	近景	平	固定		主角在看着周围,似乎发现了什么
14	2秒,15帧	中景	平	摇		主观的视角
15	1秒,8帧	特写	平	固定		主角表情的变化
16	2秒,6帧	近景	平	下摇		镜头推上去强调表现,反衬主角心理的变化
17	2秒,5帧	中景	俯	上升		

续表

镜号	时　长	景　别	摄　法	运　动	画　面	分　析
18	1秒，26帧	近景	平	固定		镜头由虚变实
19	5秒，25帧	中近景	平	上升，左移		镜头跟随主角的位置而变化
20	1秒，27帧	近景	俯	推		呼应前一镜头结束时主角的目光所对应的目标，但是实际上并非主角在看车。（从修车人衣着上可以判断不是同一辆车）
21	2秒，1帧	近景	平	后拉		镜头继续跟随
22	1秒，27帧	近景	俯	推		呼应上一镜头。这四个镜头的正反打是虚指，而不是通常的正反对话。实际上主角看了很多车和美女

（4）速度与激情 3 之 2（见表 4-4）

表 4-4　镜头分析（4）

镜号	时　长	景　别	摄　法	运　动	画　面	分　析
1	6秒，5帧	中景	平	上升，右移，下降		慢镜—快速—慢镜，通过变速形成特殊节奏感。镜头调度上是左侧美女靠近汽车，而右侧美女从车上下来，中间用快速镜头把车顶让过去

镜号	时　长	景别	摄　法	运　动	画　面	分　析
2	1秒，16帧	近景	俯	右移 左摇		慢镜
3	1秒，22帧	特写	平	左摇		快速—慢镜，又一个快慢变速
4	3秒，12帧	近景， 中景	平	前推+上升	 	慢—快—慢，推至主角同学的镜头
5	1秒，6帧	特写	平	微右摇		慢镜，景别再进一步
6	20帧	近景	平	微左移		快镜，注意人物动作，手向下一伸，再往回抬起
7	1秒，25帧	近景	平	固定		慢镜，人物动作承接上一镜头，捧出一沓钱

续表

镜号	时　长	景　别	摄　法	运　动	画　　面	分　析
8	1秒，21帧	近景	平	固定		镜头由虚变实
9	2秒，5帧	近景	平	左移		
10	5秒，25帧	近景	平	前进+上升		跟随镜头，将对环境介绍的镜头重新拉回至故事线
11	2秒，11帧	中景	平	前推		

（5）速度与激情4（见表4-5）

表4-5　镜头分析（5）

镜号	时　长	景　别	摄　法	运　动	画　　面	分　析
1	1秒，6帧	特写	平	右移	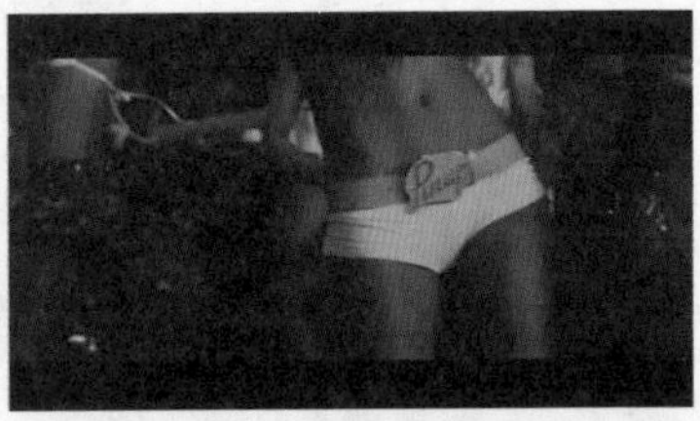	镜头跟着音乐的节奏与片名标题闪烁2次。慢镜头
2	1秒，15帧	近景	平	右移		镜头运动方向一致。慢镜头

镜号	时　长	景　别	摄　法	运　动	画　　面	分　　析
3	1秒，15帧	远景	俯	下降+右移		镜头运动方向一致。正常速度（相对于前2个镜头，速度要快）
4	1秒，12帧	中景	平	移		仍然右移镜头。慢镜头
5	5秒，6帧	远景，全景	平，俯拍	右移，前推，上升		承接3号镜头的运动，与1、2、4号镜头形成交叉剪辑
6	1秒，17帧	特写	平	右移		镜头继续保持右移
7	1秒，5帧	中近景	平	右摇		镜头右摇（伴随略微的前进）。慢镜头

续表

镜号	时　长	景　别	摄　法	运　动	画　面	分　析
8	1秒，6帧	近景	平	右移+上升		镜头保持右移。慢镜头
9	1秒，22帧	特写	平	右移		镜头保持右移。慢镜头
10	1秒，13帧	远景	仰	右移+下摇		镜头为仰拍、右移、下摇。慢镜头
11	1秒，7帧	近景	俯	右移+下摇		镜头为俯拍、右移、下摇，与前一镜头呼应。慢镜头
12	2秒，4帧	特写	平	右移		镜头为右移。慢镜头

（6）速度与激情 5（见表 4-6）

表 4-6　镜头分析（6）

镜号	时　长	景　别	摄　法	运　动	画　面	分　析
1	1秒，18帧	大远景	航拍，俯	前进		3个航拍大远景镜头交代故事环境、背景、时间等要素，通过夜景渲染现代都市气氛

续表

镜号	时　长	景　别	摄　法	运　动	画　面	分　析
2	2秒，3帧	大远景	航拍，俯	右移		3个航拍大远景镜头交代故事环境、背景、时间等要素，通过夜景渲染现代都市气氛
3	1秒，22帧	大远景	航拍，俯	右移		
4	4秒，18帧	全景	平	上升+左摇		全景交代地点
5	1秒，2帧	中景	平	左移		跟着前一个镜头运动的方向左移镜头
6	1秒，10帧	特写	平	左移		景别推上去，保持镜头左移。慢镜头
7	1秒，17帧	近景	仰	上升		向右上方升起，慢镜头
8	1秒，8帧	远景	俯	固定		对前一镜头的反映镜头，带出赛车场的人群和环境

续表

镜号	时　长	景　别	摄　法	运　动	画　面	分　析
9	2秒，7帧	特写	平	右移	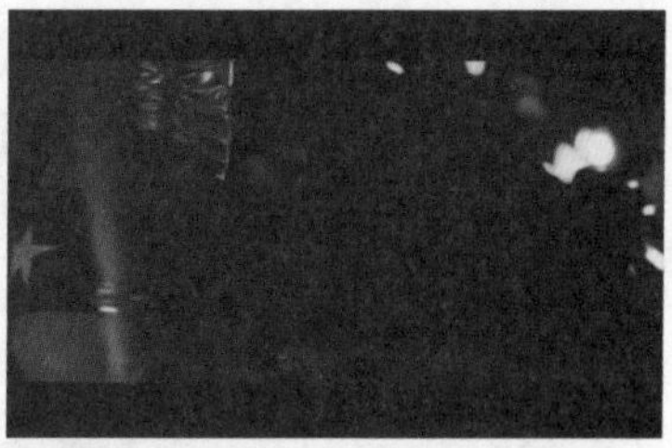	非常漂亮的快—慢镜头，注意速度变化的点正好在美女关上门之后要往右走的点上，并且走路的步伐正好踩在音乐的节拍上
10	1秒，8帧	特写	平	右摇		车头特写，镜头继续右摇，慢镜头
11	1秒，13帧	特写	平	右移+上升		保持镜头向右，前景美女右侧出画，慢镜头
12	1秒，15帧	中景	平	右移	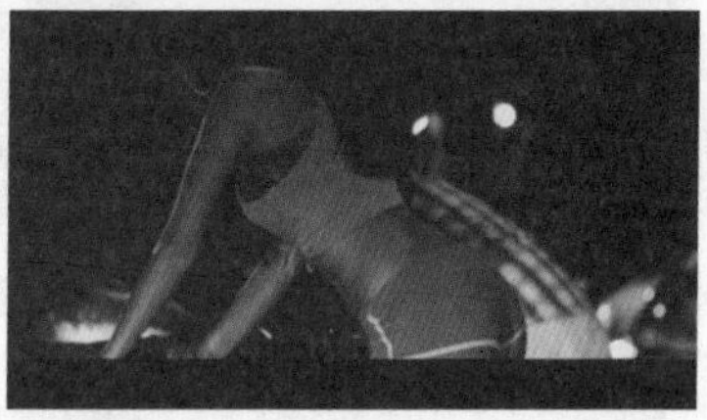	利用前景美女右侧出画的动作遮挡转场，改变视角，镜头继续右移，主要内容变为远处另一美女。慢镜头
13	3秒，19帧	全景	平	后拉	 	慢镜头，镜头后拉
14	3秒，13帧	全景	平	后拉+下摇		镜头后拉并向右下摇，匹配车运动的方向

镜号	时　长	景　别	摄　法	运　动	画　面	分　析
15	13秒，6帧	特写，近景	仰，俯	前进+上升+左摇	 	镜头保持向右运动，带出主角

（7）速度与激情6（见表4-7）

表4-7　镜头分析（7）

镜号	时　长	景　别	摄　法	运　动	画　面	分　析
1	10秒，0帧	大远景	航拍，俯	前推		交代环境、时间，并铺垫城市夜景的气氛
2	1秒，18帧	近景	平	移		镜头保持向右前方推移，黑场闪烁。慢镜头。注意黑场与音乐节拍的匹配
3	18帧	全景	平	移		镜头在运动中保持前推右移。赛车全景镜头以黑场快速淡入淡出的方式进行快切。慢镜头。注意黑场与音乐节拍的匹配
4	18帧	全景	平	移		

续表

镜号	时　长	景　别	摄　法	运　动	画　面	分　析
5	15帧	全景	平	移		
6	23帧	全景	平	移		
7	1秒，6帧	近景	平	右移		闪黑入画，右移。闪黑出画，慢镜头
8	1秒，4帧	特写	平	右移		闪黑入画，微右移。闪黑出画，慢镜头
9	2秒，7帧	近景	平	移		左移，闪黑数次。淡出，慢镜头
10	1秒，20帧	全景	平	左移		闪黑入画，左移。淡出，慢镜头
11	1秒，3帧	全景	仰，正面	摇		淡入，右移。淡出，慢镜头

镜号	时　长	景　别	摄　法	运　动	画　面	分　析
12	1秒，23帧	近景	侧面	微右移		淡入，微左移。淡出，格外缓慢，慢镜头
13	2秒，17帧	中全景	平	推		闪黑入画，由于灯光显得特别闪亮，镜头前推，略微右移。特慢镜头
14	23帧	全	平	右移+左摇		用快镜—慢镜的变速镜头。音乐鼓点与节奏骤然加强
15	8帧	特写	平	左移		从一个连续镜头中间挖掉一部分，形成跳切节奏
16	9帧	特写	平	左移		
17	17帧	近景	仰	微上摇		镜头为正常速度
18	11帧	近景	仰	微左移		镜头为正常速度

续表

镜号	时长	景别	摄法	运动	画面	分析
19	1秒，12帧	中全景	平	右移		用快速—慢镜的变速镜头
20	17帧	近景	微仰	左摇		镜头跟随手部动作向左轻微摇动。慢镜头
21	1秒，10帧	全景	略俯	右移+左摇		用慢—快—慢—快—慢的节奏，使镜头绕着舞台旋转过程中多次进行快慢速切换，以便强化节奏
22	18帧	近景	仰	右摇		镜头跟随头发甩向略微向右摇。慢镜头
23	1秒，5帧	近景	仰	左摇		镜头随着腰部向左扭动，略微向左下摇。慢镜头
24	1秒，5帧	近景	仰	右摇		人物向左上耸肩，镜头向右下微摇。慢镜头
25	1秒，12帧	全景	平	固定		慢镜头，闪白。音乐节奏随之再次强化

镜号	时　　长	景　别	摄　　法	运　　动	画　　面	分　　析
26	2秒，2帧	远景	微仰	前推		慢镜头
27	1秒，19帧	全景	俯	左移		慢镜头
28	2秒，22帧	全景	平	前推		镜头为正常速度，赛车缓缓入场

这7个赛车段落各有特点。

《速度与激情1》于2001年上映，其剪辑手法最为传统和正规，以全景仰拍方式开场，然后众多赛车冲进小巷，随后主角车缓缓进场。

《速度与激情2》就根据剧情采用了平行剪辑的手法，并在现场多次使用交叉剪辑，剪辑节奏变化也增加了不少。

《速度与激情3》上映时间是2006年。可以看到其中开始采用快慢镜的节奏变化，大量使用慢镜头，并且镜头的穿梭与复杂调度增多。

《速度与激情4》开始成段落地使用慢镜头特写，尤其是美女群舞的特写。其中也采用了交叉剪辑的手法。

《速度与激情5》在《速度与激情4》的基础上，更加注重节奏的把控，尤其是慢镜头中人物的动作、脚步与音乐节奏的匹配。段落开头的航拍镜头更是增加了气势与气氛。这种镜头与音乐节奏的配合以及对气氛的渲染在《速度与激情6》中达到了顶峰，快慢镜头、变速镜头被大量使用，慢镜头特写也大量使用。甚至于剪辑师开始用黑场来调整画面以配合音乐的节奏。

通过上述7个电影片段的分析，可以看到10多年来，好莱坞的动作电影在剪辑上的一些演变和风格上的转变。这样的拉片练习属于非常重要的学习手段，从中可以学到非常多的东西。我们可以在自己的剪辑中去模仿，然后将其转化为自己的手法，形成自己的风格。拉片经验积累多了，自然而然就懂得遇到什么样的场景该怎么处理；想表达什么样的思想，该怎么剪辑。这与"读书百遍，其义自现"的道理是相通的。

只跟着本书的拉片练习学习还是远远不够的，还要进行大量的课后练习，以及阅读并学习剪辑理论，再加上实习和实践，才是学习剪辑的正确道路。

剪辑史上有非常多的大师，他们也是通过一次又一次的实验，剪辑了一部又一部的片子，才使剪辑技术发展到了今天的地步。通过理论书籍,可以学到经典剪辑理论;通过实践拉片,不仅可以印证理论,更可以学会当代最实际的操作方法。如同达·芬奇画鸡蛋一样,模仿永远是第一步,加上多思考、多练习、多试验,才能在剪辑的路上走得更远。

　　练习 12:打开配套资源→案例→ 12 → story.prproj 文件,可见项目素材窗口中已经导入了视频素材,其来源是著名的影片《不可触犯》中的高潮片段。两位警察到火车站埋伏,并与罪犯展开激烈交火,中途还救下了一个意外卷入枪击事件的婴儿。

　　进行该片段的剪辑时尤其要注意悬疑气氛的建立,以及人物之间的互动。由于该影片属于较早期的电影,其视听语言的使用相对近期的好莱坞影片而言比较规范,节奏也相对较慢,降低了剪辑难度。整理出情节之后,大家可试着剪出一个完整的影视段落。

4.2　广告的剪辑

　　本节引用了一条宜家的广告进行拉片分析。本片采用的方法比较实用,是典型的分组剪辑法。这种手法在广告和宣传片中经常采用。

　　打开配套资源→拉片分析→ 02 →宜家 _cc.prproj 文件,软件里有将镜头全部剪开的时间轴序列,仅供学习参考。

　　具体的镜头分析如表 4-8 所示。

表 4-8　镜头分析(8)

镜号	时　长	景别	角度	运动	内　　容	分　　析
1	2秒,11帧	全景	正面	前移	刚进入宜家的全貌	空荡荡的宜家卖场,介绍空间和地点
2	1秒,13帧	全景	正面	前移	展示宜家的一角	
3	1秒,9帧	全景	正面	前移	展示宜家的另一角	
4	1秒,11帧	全景	侧面	固定	一只猫从镜头左边走到右边	许多猫开始进入宜家。这组镜头都是在天花板上拍摄的,令猫的出现更合理
5	1秒,13帧	全景	前侧	固定	一只猫走来	
6	15帧	特写	背面	固定	一只猫背对镜头正要跳下房梁	
7	3秒,1帧	全景	侧面	固定	慢镜头。猫跳下过程的前半部分	7~10号镜头是一组完整的镜头,采用挖剪的方式切开,中间插入其他猫跃下的镜头,前后呼应,构成一个完整的剪辑段落。中间两个镜头从大全景切至小全景,由远到近更接近猫
8	2秒,7帧	大全景	正面	固定	三只猫分别从三个不同的方向落地	
9	19帧	小全景	前侧	固定	两只猫在桌前的沙发上,一只猫落到沙发上	
10	2秒,11帧	全景	侧面	固定	镜头7中的猫跳下过程的后半部分,慢镜头	
11	25帧	小全景	侧面	右移	桌腿间猫从左侧走到右侧	景别从大到小,表现了猫在探索新的环境,带着观众越来越接近猫。该组镜头均为单只小猫在探索
12	1秒,15帧	中景	后侧	右移	猫走出	
13	23帧	中景	正面	固定	正面的猫脸	

镜号	时长	景别	角度	运动	内容	分析
14	2秒，25帧	大全景	俯拍	固定	多只猫从不同的地点走出来	承接上一组镜头的探索，猫越来越多，以全景方式展现许多猫进入宜家卖场，并且四处游荡
15	27帧	小全景	侧面	略右移	几只猫从桌下走向右边	
16	1秒，1帧	全景	侧面，俯拍	右移	多只猫在地上或沙发上走向右边	
17	1秒，11帧	大全景	俯拍	固定	多只猫移动	
18	21帧	特写	正面	右移	一只猫朝前跑来	3个连续的特写，不同的猫冲向镜头。镜头的拍法完全一致，强化形式感
19	17帧	特写	正面	固定	一只猫从床上走来	
20	19帧	特写	正面	固定	一只猫走近镜头	
21	29帧	远景	侧面	前移	猫在摆满灯的货架之间向画面右侧穿梭	大景别切换到小景别，表现了猫在向右继续探索，通过环境的灯、相同的运动、由大到小的景别切换来营造这是同一只猫的错觉
22	27帧	小全景	侧面	右移	猫在摆满灯的桌子上向右行走	
23	1秒，5帧	近景	侧面	固定	一只猫向下钻入抽屉	猫开始玩耍
24	1秒，5帧	近景	前侧	固定	猫钻出床栏杆	
25	17帧	中景	背面	上移	猫用爪击打床上挂着的物品	两只猫在玩类似的游戏，表现了猫的共同天性，增加巧合感
26	21帧	小全景	侧面	固定	猫独自玩耍，用爪击打吊牌	
27	19帧	近景	后侧	固定	一只猫用爪击打并骚扰另一只猫	两只猫在互相玩耍
28	15帧	小全景	背面	固定	另一只猫反击	
29	2秒，3帧	远景	侧面	右移	一只猫穿过货架间	都是向右平移的镜头，三个镜头由大到小进行景别切换，动作也前后相衔接，形成了一个动作串，表现的是一只猫穿过货架区，钻进了一个柜子
30	1秒，9帧	全景	背面	固定	猫走出门	
31	1秒，1帧	特写	侧面	固定	猫慢慢地迈腿进入柜子	
32	29帧	全景	侧面	固定	猫趴在抽屉上	这些猫开始各自找地方休息，表现出各只猫的搜寻过程和动作
33	21帧	中景	侧面	固定	一只猫嗅枕头上的味道	
34	1秒，29帧	全景	后侧	前移	一只猫在灯光下	
35	1秒，7帧	小全景	侧面	固定	猫在盘子里	
36	1秒，1帧	小全景	正面	固定	许多猫在床上慢慢前行，趴下	这些猫找到各自的休憩场所，开始各自趴下，准备休息
37	25帧	近景	侧面，俯拍	固定	一只猫在床上趴下	
38	1秒，25帧	全景	侧面	固定	猫趴在茶几上	
39	1秒，25帧	小全景	侧面	固定	猫趴在柜子上，闭眼睡去	猫咪们纷纷惬意睡去。镜头景别、大小均类似。摄影角度、色彩、表现的猫都有所不同，在形式感的统一下寻求内容的变化
40	1秒，25帧	小全景	前侧	固定	猫躺在地上，眯眼睡去	
41	1秒，9帧	小全景	侧面	固定	猫卧在桌子上扭动，闭眼睡去	
42	2秒，13帧	特写	前侧	固定	猫脸夹在枕头中间，闭眼睡去	

通过对镜头号标色,这条广告的镜头可以分为许多个镜头组的拼接组合。每一组的镜头内容都相似,或者不同猫做一样的事情,又或者是很多猫做一样的动作,或者镜头运动相似。可以推测剪辑师在剪辑时面对着大量的素材,都是毫无逻辑关系的猫在玩耍嬉戏的镜头。然后通过对同类型镜头进行分组,再将一组一组的镜头做剪辑排列,接着去修整每一组镜头的镜头长度等细节,最终完成这条广告的剪辑。在分组剪辑时,应注意到该片依然有自己的逻辑线。从空镜头开始,到猫从天花板进入卖场并开始探索、玩耍,到疲惫后开始休憩,整个过程动静相宜,兼顾故事情节与美感。

在配套资源中本章对应的文件夹下还有一条宜家广告的花絮,供欣赏参考。

其实广告的剪辑方式是多种多样的,几乎每一条广告都可以开发出自己独特的剪辑方式。故事类广告可以用叙事型的剪辑手法;说明性广告可以用逻辑型的剪辑手法;动画型的广告可以用搞笑的手法;新闻性的广告可以用纪实的手法;吸引人的广告可以用悬疑的手法,不一而足。不妨在观看电视广告的同时多注意不同类型的广告,不断积累不同类型的剪辑手法。

打开配套资源→案例→ fcp demo → final cut studio mercediuses demo.wmv 文件,可以看到一段苹果发布会的演示视频,剪辑师展示了一段奔驰汽车广告的剪辑,其中一些手法值得学习。

4.3 宣传片的剪辑

宣传片也是日常工作中经常会接触到的剪辑类型。企业、商家、政府部门,甚至于城市、景点,很多机构都有宣传的需求,宣传片的拍法也多种多样。

打开配套资源→拉片分析→ 03 →伦敦奥运 _cc.prproj 文件,内有伦敦申奥片的三个段落拉片。同时配套资源还提供了当时参与申奥的另外几个城市的申奥片,供大家比较参考。其中巴黎的宣传片导演是法国著名的导演吕克·贝松。而最终获得胜利的伦敦申奥片也是广受好评的。

(1)伦敦申奥宣传片中 00:00 ~ 00:22 的镜头分析(见表 4-9)

表 4-9　镜头分析(9)

镜号	时长	景别	角度	运动	内容	分析
1	1秒,18帧	近景到特写,逐渐模糊	正面	固定	穿着球鞋的脚在路上向前奔跑	注意脚落下的动作正好在音乐的重拍上,这就是所谓的画面内的节奏
2	1秒,1帧	全景	正面	固定	伦敦夜色	弱拍切换
3	1秒,5帧	全景	正面	固定	伦敦夜色	重拍切换
4	1秒,20帧	中近景	正面	固定	女子向前奔跑	
5	1秒,5帧	全景	俯拍	固定	伦敦全貌	
6	1秒,9帧	特写	正侧	固定	手拿着咖啡杯搅拌	逆光半剪影,注意手上的搅拌动作正好匹配背景音乐中的一段抖动旋律
7	1秒,20帧	特写	正侧	固定	人抬起头	
8	1秒,16帧	中全景	正侧,略微仰拍	固定	人拿着咖啡杯抬头望天	

续表

镜号	时　长	景　别	角　度	运　动	内　容	分　析
9	1秒，14帧	中景	正侧，略仰拍	左移	两个工作人员下楼梯	
10	2秒，15帧	全景	正侧	固定	转播间多屏幕窗口	小窗口内画面的运动
11	2秒，0帧	特写	正面	固定	三个画面的小窗口	小窗口内画面的运动

该段作为全片的开头，先使用了大景别的全景介绍环境和建筑，再通过线索人物（跑步女孩）带出一些著名建筑的全景。该段剪辑的一个特色就是镜头剪切点几乎都与音乐重拍错开，完全没有去匹配音乐的拍点，而镜头衔接却十分自然而流畅。

大家可以鉴赏配套资源中巴黎的宣传片，可以看到大部分的段落转换拍点都是踩着重拍进行剪辑的，从而使得片子的节奏感得到了增强。而伦敦的片子则是反其道而行之，大量使用弱拍切换，甚至于错开拍点切换，使得片子节奏感没有那么明显而强烈，反而显得很自然。

另外可以再参考 2008 年北京奥运会 NBC 转播前的宣传片，片头部分运用了大量的风景镜头，基本上都是使用了"全景/远景＋特写"并进行反复切换的手法，视觉上就是大小景、大小景、大小景反复的过程。这也是一种剪辑思路，进行剪辑时可以作为参考。

从镜头组的角度来分析，11 个镜头也可以根据其相关性分成 3 组，其中第一组用的是跑步女孩和城市景色的交叉剪辑。第二组采用小—小—大的连接方式；第三组则是大—大—小的连接方式，都是比较自然流畅的手法。第二组先通过两个特写镜头制造悬念，然后用一个中景带出背景中的伦敦。第三组则是转入 BBC 直播间，介绍申办奥运的优点，同时通过屏幕中的内容自然过渡到下一段落。

（2）伦敦申奥宣传片 00:00:42 ～ 00:00:55 的镜头分析（见表 4-10）

表 4-10　镜头分析（10）

镜号	时　长	景　别	角　度	运　动	内　容	分　析
1	1秒，0帧	远景	正面	变焦，右移	透过前景栅栏，跑步女孩从远处跑来	以跑步女孩为线索，引入新段落，介绍地点、环境、天气等背景
2	19帧	近景	正面	右移	众人打篮球，主要人物眼神向右	渲染环境气氛，镜头随着视线向右侧移动，说明下一个镜头的方位在当前镜头的右侧
3	17帧	中景	侧面	左移	队员A向左传球	球从画面左侧出画，镜头跟随着球的运动略微向左偏移
4	13帧	近景	侧面	固定	主角接球	主角举手接球的动作，从画外接球后向下入画
5	1秒，9帧	特写	侧面	下移	运球动作特写	主角运球动作的特写，继承了上一镜头的动势，但是主角手和球的位置都有所变化。用球带出轮椅，发现主角是坐在轮椅上在打球。另外注意镜头入点球在画框中，是承接动作，而出点则是球出画
6	21帧	中景	前侧	左移	其他队员向左运动，冲向主角	其他球员的反映镜头，承接3号镜头。出点是蓝衣球员出画

镜号	时　长	景　别	角　度	运　动	内　容	分　析
7	1秒，5帧	全景	正面	右移，左摇	主角旋转轮椅，带球过人	入点为蓝衣球员入画抢球，出点为蓝衣球员被闪过并即将出画
8	18帧	全景	仰拍，倾斜构图	固定	主角轮椅入画，手托篮球准备投球	离开主机位，画面正对篮筐，主角从右侧斜入画。主角举手并做投篮姿势
9	12帧	全景	侧面	右移	主角准备投球，手从胸前举至头顶	回到主机位，入点为主角动作承接上一镜头出点时的动作
10	12帧	近景	侧面	固定	轮椅男投篮的瞬间动作	动作继续承接上一镜头出点时的动作。强调一个动作时经常用这样一组从大景别到小景别的镜头组相接来表现
11	1秒，6帧	全景	大仰拍	旋转	篮球进入篮筐	以特殊角度垂直向上拍摄
12	3秒，8帧	中景	正面	左移	轮椅男兴奋地大叫，滑动轮椅	对进球的反映镜头。将整段激烈的接头比赛中积累的情绪全部释放

　　这是一段精彩的动作剪辑，一共使用了 12 个镜头，表现了一个玩街头篮球的残疾运动员的进球过程。除了最后一个镜头演员的演技之外，前面的镜头表现演员演技的成分很少。而整个进球过程从传球开始到接球、运球、过人、投篮，一气呵成，自然地分为十几个镜头，引导观众的视线关注不同的位置，并明显让观众感受到角色的情绪和动作倾向。动作段落的剪辑相对来说是比较忌讳一个长镜头从头到尾不停拍摄的。当然不是绝对禁止，一般而言，动作都是要经过一定的剪辑，让观众注意到一些特殊的细节，或是一般看不到的内容，例如肌肉的抖动、汗珠滴落，还有动作的特写或者慢镜。通过这些展示来引导观众的情感倾向，把导演的意图传达给观众。

　　另外需要注意的是前 6 个镜头是导演刻意隐蔽了主角是残疾人的概念，直到第 7 个镜头时才让人恍然大悟，原来是一些朋友在陪着残疾人打篮球，这也是导演的独具匠心之处。

　　再举一个简单的例子，上述段落继续向下播放，是一个修理工举轮子玩举重的段落。在他举起轮子的过程中，只要是发力的瞬间，镜头会马上切成特写，而一旦发力完到表现状态的时刻，就会变成中景或近景。这就是一种对于力量的表现手法。但是如果只是一个举重过程一个镜头用到底的拍摄，就会变成很写实的记录过程，没有多余的情感注入了。

　　（3）伦敦申奥宣传片 00:02:46 ～ 00:02:58 的镜头分析（见表 4-11）

表 4-11　镜头分析（11）

镜号	时　长	景　别	角　度	运　动	内　容	分　析
1	1秒，11帧	中全景	正面	右移，固定	一女子从拐弯处向前跑来	每个段落间的串联镜头
2	24帧	特写	前侧	固定	霓虹灯闪亮	营造悬念，会让人去联想是什么地方，如果是英国本地人，还会有一种亲切的熟悉感
3	19帧	全景	侧面	固定	咖啡店全景，从橱窗看到贝克汉姆在喝咖啡	服务员走出门，小贝喝了一口咖啡
4	1秒，23帧	近景	前侧	固定	贝克汉姆品咖啡的表情	经过的服务员作为镜头的遮挡，承接上一镜头的动作，并使得镜头过渡得更流畅。同时注意小贝的喝咖啡的动作与上一镜头也是连续的

续表

镜号	时长	景别	角度	运动	内容	分析
5	21帧	特写	俯拍	固定	纵横字谜游戏的纸	前后镜头虽然没有说明是小贝在玩纵横字谜游戏，但是这个剪辑方式就会让观众默认小贝在写，并且还碰到难题了
6	20帧	中景	侧面	固定	贝克汉姆用笔挠头	
7	17帧	全景	侧面	固定	咖啡店全景（同镜头3），跑步女孩经过	跑步女孩跑过遮挡镜头，自然地与前一镜头衔接，手法与3、4号镜头中店员的遮挡效果一致
8	1秒，15帧	近景	略前侧	固定	跑步女孩从咖啡店橱窗跑过，贝克汉姆抬头看到，似乎得到启发，会心一笑	
9	18帧	近景	侧面	下移	贝克汉姆微笑着填写答案	
10	1秒，7帧	特写	俯拍	固定	贝克汉姆在填字母的动作	
11	1秒，12帧	特写	侧面	上移	贝克汉姆抬头，面带微笑，望向窗外	下一镜头自然随着小贝的视线转移到外面

这一段中导演的几个小镜头的捕捉特别有情调。镜头始终跟着贝克汉姆的动作和表情变化。小贝抬头，镜头就会略微向上小摇一下，并且下一镜头会沿着小贝视线来表现窗外有人跑过。当跑步女孩经过以后，小贝低头要写字，镜头也自然跟着他的头向下运动，然后再切到填字母的动作特写。这里的剪辑就是一个很好的根据主角视线和注意力接入下一动作的范例。

本节通过几个小段落的分析，讲解了如何通过对小段落拉片来不断充实自己对于各种段落剪辑的知识。反复观察、思考为何前后镜头如此安排的内在逻辑和意义，并且应将其记住，便于以后碰到相似段落时进行比较，或者需要独立剪辑时进行模仿。还是那个道理：没有相同的剪辑，但是剪辑的目的都是在讲故事并传达导演的思想。

4.4　影视预告片的剪辑

影视预告片的剪辑镜头如表 4-12 所示。

表 4-12　影视预告片的剪辑镜头

镜　号	时　长	景　别	角　度	运　动	画　面
1	1秒，10帧			推	

续表

镜 号	时 长	景 别	角 度	运 动	画 面
2	2秒，10帧			推	
3	2秒，11帧	全景	俯	上升	
4	1秒，16帧	全景，中景	平	前推	
5	1秒，4帧	全景	平	上摇	
6	1秒，17帧	远景	俯	后拉	
7	19帧	全景	平	前推	
8	17帧	远景	俯	上升	

镜 号	时 长	景 别	角 度	运 动	画 面
9	1秒，3帧	全景	俯	拉	
10	18帧	中景	平	左摇	
11	20帧	特	大俯	固定	
12	20帧	全景	俯	固定	
13	15帧	近景	平	固定	
14	15帧	近景	平	微前移	
15	23帧	中景	仰	上摇+推	

续表

镜　号	时　长	景　别	角　度	运　动	画　面
16	13帧	近景	俯	微前移	
17	18帧	全景	俯	固定	
18	18帧	近景	平	固定	
19	1秒，2帧	近景	平	微右摇	
20	1秒，10帧	中景	平	固定	
21	1秒，6帧	全景	俯	上摇	
22	18帧	近景	仰	微下摇	

镜　号	时　长	景　别	角　度	运　动	画　面
23	22帧	近景	俯	微前推	
24	23帧	近景	平	固定	
25	2秒，6帧	中景	平	微下摇	
26	1秒，18帧	特写	平	前推	
27	19帧	空镜	仰	固定	
28	17帧	近景	平	固定	
29	2秒，0帧	全景	俯	微前推	

续表

镜　号	时　长	景　别	角　度	运　动	画　面
30	1秒，14帧	全景	俯	固定	
31	1秒，21帧	近景	正面	固定	
32	1秒，8帧	远景	俯	固定	
33	3秒，9帧	中景	仰	前推+上升	
34	2秒，2帧			前推	
35	1秒，7帧	中景	平	推	
36	1秒，15帧	中景	平	推	

续表

镜　号	时　长	景　别	角　度	运　动	画　面
37	2秒，20帧	近景	平	固定	
38	3秒，5帧	近景	平	固定	
39	1秒，15帧				
40	2秒，10帧	中景	仰拍	右移	
41	1秒	全景	平	固定	
42	1秒，1帧	近景	平	固定	
43	18帧	近景	平	固定	

续表

续表

镜 号	时 长	景 别	角 度	运 动	画 面
44	1秒，23帧	近景	略俯	固定	
45	1秒，1帧	近景	仰拍	上摇	
46	23帧	近景	前侧	固定	
47	1秒，8帧	近景	仰拍	右摇	
48	1秒，3帧			前推	
49	1秒，3帧	全景	平	后拉	
50	21帧	中景	平	固定	

续表

镜 号	时 长	景 别	角 度	运 动	画 面
51	21帧	全景	俯	固定	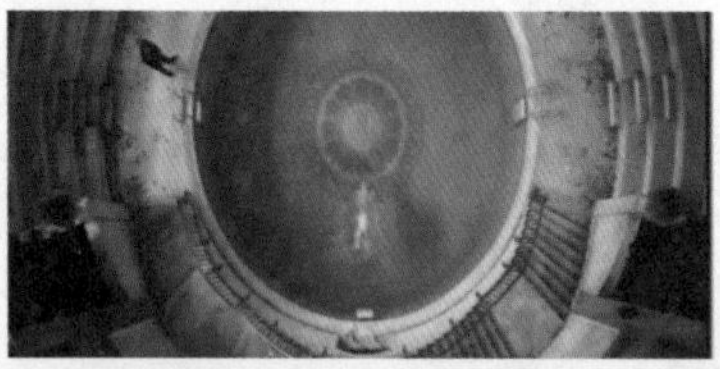
52	1秒，12帧	中景	微仰	前推	
53	21帧	远景	微仰	固定	
54	1秒，10帧	远景	俯	前移	
55	1秒，1帧	近景	仰	固定	
56	2秒，7帧	全景	俯	上升	
57	17帧	全景	仰	固定	

续表

镜 号	时 长	景 别	角 度	运 动	画 面
58	12帧	中全景	仰	固定	
59	1秒，3帧	全景	俯	固定	
60	1秒，2帧	近景	平	右移	
61	1秒，6帧	全景	俯	固定	
62	17帧	全景	俯	固定	
63	23帧	近景	平	左摇	
64	1秒，11帧	近景	平	固定	

续表

镜　号	时　长	景　别	角　度	运　动	画　面
65	1秒，7帧	远景	俯	上升+右摇	
66	1秒，10帧	近景	平	左移	
67	1秒，9帧	中景	平	前推	
68	1秒，3帧	近景	平	固定	
69	1秒，9帧	中景	平	固定	
70	1秒，2帧	全景	俯	微下摇	
71	1秒，5帧	近景	仰	固定	

续表

镜 号	时 长	景 别	角 度	运 动	画 面
72	14帧	特写	仰	后移	
73	1秒，0帧	全景	平	前移	
74	1秒，4帧	特写	平	固定	
75	1秒，8帧	远景	平	固定	
76	19帧	特写	平	移	
77	1秒，2帧	中景	仰	固定	
78	19帧	近景	微仰	拉	

续表

镜　号	时　长	景　别	角　度	运　动	画　面
79	22帧	特写	平	固定	
80	1秒，13帧	近景	平	固定	
81	1秒，7帧			前推	
82	1秒，3帧	近景	平	后拉	
83	1秒，3帧	特写	平	固定	
84	1秒，2帧	全景	俯	下降+摇	
85	1秒，5帧			前推	

续表

镜　号	时　长	景　别	角　度	运　动	画　面
86	1秒，0帧	近景	平	固定	
87	18帧	全景	背面	推	
88	1秒，0帧	特写	正面	推	
89	15帧	全景	俯	移	
90	1秒，5帧				
91	1秒，2帧	近景	平	左摇	
92	19帧	特写	平	固定	

镜　号	时　长	景　别	角　度	运　动	画　面
93	16帧	中景	平	左摇	
94	20帧	近景	平	固定	
95	1秒，7帧	全景	俯	旋转+下降	
96	1秒	近景	平	固定	
97	18帧	中景	平	前推	
98	21帧	中景	微仰	固定	
99	15帧	特写	平	上摇	

续表

镜　号	时　长	景　别	角　度	运　动	画　面
100	9帧	特写	平	固定	
101	9帧	近景	平	左摇	
102	18帧	近景	仰	右移	
103	15帧	中景	平	固定	
104	19帧	近景	平	前推	
105	11帧	全景	平	上摇	
106	8帧	近景	平	右摇	

续表

镜 号	时 长	景 别	角 度	运 动	画 面
107	10帧	特写	微仰	下摇	
108	12帧	全景	仰	固定	
109	10帧	特写	平	固定	
110	10帧	中景	平	固定	
111	10帧	近景	平	前推	
112	10帧	全景	平	右移	
113	13帧	特写	微仰	固定	

续表

镜　号	时　长	景　别	角　度	运　动	画　面
114	4秒，7帧			前推（闪白转场）	
115	2秒，12帧	近景	侧面	固定	
116	1秒，13帧			前推	
117	5秒，0帧			固定	

　　预告片是一种很有趣的剪辑类型，建议初学者每次都将自己喜欢的电影剪出一版自己的预告。这是一种非常有效的练习。

　　预告片的分析着重在于预告片的逻辑与正片的逻辑上的区别，以及预告片如何从正片中提取一些对话和语言，并将其重新组合以得到新的含义，从而使观众产生兴趣。

　　预告片一般应当掌握几个小原则。

　　第一，预告片的目的是介绍电影，以达到广告的功能，吸引大家去影院观看。为达到该目的，预告片会使用各种各样的手法来营造悬念、制造错觉等。

　　第二，预告片最好不要将电影中的主线情节、高潮段落和精彩画面过多地呈现给观众，以免观众在观看后失去对正片的悬念和乐趣。

　　第三，预告片一般都要介绍制片、发行的公司、制片人、主演、上映日期等重要信息，如何展现这些信息成为设计上的一个创意点。

　　第四，预告片经常会将演员的不同段落的对话剪辑到一起，形成一种不同于影片本身的新的逻辑，从而获得一种特殊的效果，既让观众感觉到了故事的魅力，又能在影院中获得正片的新奇感。

　　第五，预告片会因为其本身的故事情节不能透露而常常使用连续的置景以营造段落感，本节分析的例子就是如此。相似的例子还有很多。

　　本节练习可以通过从网上下载电影，并进行预告片剪辑来完成。这也是一种非常好的提升剪辑手法的简便方式，建议以周为单位，在本课程学习期间坚持进行预告片剪辑训练。

参 考 文 献

[1] Daniel Arijon．Grammar of the Film Language [M]．Los Angeles：Silman-James Press，1991.

[2] Adobe 公司．Adobe Premiere Pro CS4 经典教程 [M]．北京：人民邮电出版社，2009.

[3] Michael Wohl．Final Cut Pro 7 非线性编辑高级教程 [M]．北京：电子工业出版社，2011.

[4] 傅正义．实用影视剪辑技巧 [M]．北京：中国电影出版社，2006.

[5] 李四达．数字媒体艺术概论 [M]．北京：清华大学出版社，2006.

[6] Ken Dancyger．The Technique of Film and Video Editing [M]．London: Focal Press，2010.